# 安固如磐

## ——工程地质章回谈

◆ 李广诚　著

中国水利水电出版社
www.waterpub.com.cn
·北京·

# 内 容 提 要

本书精选了作者亲历的 15 个工程案例，并将各个案例中复杂艰深的工程地质问题及相关地质论证过程，以章回体小说的叙事形式娓娓道来，妙趣横生，新颖别致，雅俗共赏，每章回后都有技术性较强的深读资料，可供专业人士深入探讨。这是一部别开生面，令人耳目一新的工程地质技术著作。

本书既可作为在校学生的科普读物，也可供工程技术专业人员参考。

## 图书在版编目（CIP）数据

安固如磐：工程地质章回谈 / 李广诚著. -- 北京：
中国水利水电出版社，2020.8
ISBN 978-7-5170-8918-6

Ⅰ．①安… Ⅱ．①李… Ⅲ．①工程地质－普及读物
Ⅳ．①P642-49

中国版本图书馆CIP数据核字(2020)第184421号

| 书　　名 | **安固如磐——工程地质章回谈**<br>AN-GU RU PAN——GONGCHENG DIZHI ZHANGHUI TAN |
|---|---|
| 作　　者 | 李广诚 著 |
| 出版发行 | 中国水利水电出版社<br>（北京市海淀区玉渊潭南路 1 号 D 座　100038）<br>网址：www. waterpub. com. cn<br>E - mail：sales@waterpub. com. cn<br>电话：（010）68367658（营销中心） |
| 经　　售 | 北京科水图书销售中心（零售）<br>电话：（010）88383994、63202643、68545874<br>全国各地新华书店和相关出版物销售网点 |
| 排　　版 | 中国水利水电出版社微机排版中心 |
| 印　　刷 | 北京印匠彩色印刷有限公司 |
| 规　　格 | 170mm×240mm　16 开本　17.5 印张　252 千字 |
| 版　　次 | 2020 年 8 月第 1 版　2020 年 8 月第 1 次印刷 |
| 印　　数 | 0001—1000 册 |
| 定　　价 | **88.00 元** |

谨以此书献给国家建设中的工程地质科技人员，是他们的辛勤劳作使我们的高楼大厦、水坝电站、公路铁路、桥梁隧洞得以建立在一个稳定安全的基础之上，既保障了我们生活及环境的安全，也为国家建设节约了难以计数的资金。

# 目　录

# 楔子

词曰：

禹祖治河坎坷，秦皇筑墙磅礴。人间千古建城郭，祭问地公是可？

天地神威无比，岂能无畏消磨。和谐相处是原则，天地与人共贺。

列位看官，上自盘古开天辟地，有巢氏教导人类筑巢为家，下到我们今天搭一座桥、建一栋房，无不要涉猎到一个重要问题，这个问题唤作工程地质问题。作为一个普通人，列位看官也许不了解什么是工程地质，但在日常生活中你却一直享受着工程地质工作为你带来的安康。你住的房屋安然无恙，你过的桥梁坚固稳定，甚至你走的路面平整坚实等，都是以稳固的地基为基础。稍远一点，看官可能不能直接看到却能够享用，我们每天用的电力是来自水电站、火电站或其他形式的电站，但不管哪种电站要正常运行，在其建设期和运行期都需要有一个稳定的地基做保障。我们每天所饮用的水，大多来自水库或水厂，水库和水厂的建设也都离不开稳定的地基。这里所说的地基就是在地面以下承托建筑物的地质体。这个地质体可能是土层，也可能是岩石，或者是二者的混合体。而这个地质体的优劣在科学技术上叫作工程地质条件，这门学科就叫工程地质学。当年大禹治水，劈山开岭，疏通水道，都要涉及工程地质问题。秦始皇修建万里长城也必定要选择良好的地基。可以说人类在地球上修建的所有建筑，都必定要事先探问一下这里的地基如

何？或曰祭问一下地公爷爷是否可以修建？因此可以这样说，工程地质是人类在地球上生活千百年来逐步认识、掌握的一门科学技术，关系到我们每个人的生存与安全。

中国的万里长城

　　此书开篇词《西江月》是笔者2010年初所作，讲的是人类生活或工程建设与地球的关系。

　　工程地质行业是一项艰苦的工作，作为工程地质技术人员，几乎无人愿意让他们的后代再继续从事这个行当了。但是工程地质却是我们人类生存和发展所必需的一项工作，过去是，现在是，将来也是。

　　其实，笔者一直认为，工程地质行业实际上是一个非常好的职业，它融体力劳动与脑力劳动为一体，融科学与技术为一体。它既不像长期坐办公室工作的人员那样枯燥，也不像纯粹从事野外工作的人员那样单一。它既可以在野外跋山涉水，也需要在市内绘图计算；它既可以接触到百姓间那多姿多彩的生活，也时时要忍受办公室朝九暮五的作息；它既可饱览大自然之美景，也可体会现代都市的便捷与繁荣；它既使用传统的技术手段，也采用现代的科学技术。它有劳有逸，有张有弛，从工作性质本身来说应该是一项不错的职业。

从事工程地质工作有许多乐趣，笔者曾经有一段非常有趣的经历。那日出差宜昌，回京时在火车上遇上了一群从事医药工作的女士。一位女士问我是做什么工作的，我说是搞工程地质的。

"地质？"她显然有些不信，"看着您文质彬彬，白白净净，怎么会是搞地质工作的呢。"

其实很多人都不了解笔者所从事的工作，总把工程地质和矿山地质、石油地质等混为一谈，只要说是地质就马上联想到那些常年背着背包，居无定所，行走在崇山峻岭的野外工作人员。我对她们简单描述了笔者的工作，她们听后撇嘴道："噢，你搞的不是地质工作，你是工程技术人员。"咳，她们这样理解也对吧。

之后，笔者向她们讲述了工作中经历的一些小故事，从黄河讲到长江，从西藏讲到内蒙古。常年的野外工作中发生的这些故事，使她们听了目瞪口呆，像是在听一位探险家讲述他的传奇经历。也难怪，后来才知道这些女士从事医药工作，平时出差的机会很少，常年憋在医院的药房或病室里，哪里像笔者这样已经走遍了祖国的名山大川，风景名胜。

我们的谈话招来了越来越多的人，几乎半个车厢的人都围拢过来听我讲故事。还不停地问这问那。

"刚才我们的轮船过大坝时钻进了一个大水槽里，后来不知怎么回事就跑到大坝这边来了。怎么回事啊？"我给他们讲了船闸的原理。

"刚才我们看到山坡上插了很多大钉子一样的东西，那是什么啊？"我给她们讲了边坡锚固的方法。

已是夜里十点多了，列车员过来催促我们赶快上床睡觉，一会要熄灯了。一伙人才恋恋不舍地散去，并一再嘱咐笔者："明天您还给我们讲故事啊！"

第二天早晨，天刚亮，一位姑娘走到我的床前，还给我拿来两个鸡蛋，笑着对我说："您还不起床啊？我们已经等您半天了。"

起床洗漱毕，这群女士又围拢过来，继续我们昨天的座谈。在她们的眼里我的工作充满冒险，充满神奇，也充满了乐趣。她们赞叹能从事这样的工作实在是太好了！

车到北京时，还有几位女士要了我的电话号码。

工程地质学既有科学的属性，也有技术的属性。科学的目的在于认识自然，技术的目的在于改造自然。从科学的角度说，工程地质既揭示自然的一般规律，也揭示某一物体（地质体）的特有规律。从技术的角度说，工程地质学的根本目的在于改造自然。

工程地质学是一门涉猎众多学科的学科。工程地质学的研究和工程地质问题的解决涉及的学科种类繁多，它几乎涉及了基础科学的各门学科，包括数学、物理学、化学、天文学、生物学等。它也涉及了地质学中的各门分支科学，包括普通地质学、构造地质学、地层学、地史学、岩石学、矿物学、地质力学、地下水动力学、第四纪地质学、岩石（体）力学等。制图理论与方法、计算机科学等也是工程地质学的基本工作手段。系统科学、运筹学、决策论也已在工程地质问题的研究中得到了广泛的应用。由于工程地质学的实用性，经济学、社会学中的诸多问题也是研究工程地质实际问题时经常而且必须涉猎到的。在人类科学技术的各门学科中，也许没有哪一门学科像工程地质学这样要涉及如此众多的基础科学、边缘科学和应用科学。

工程地质工作虽然有用、有趣、有益，但是，要成为一名优秀的工程地质人员极不容易。一位优秀的工程地质技术人员，应上知天文，下识地理，中通社会。

实际上工程地质学与医学有许多相同之处。医学的基本治疗过程是检查化验—诊断—确诊—治疗—观察反馈几个步骤。工程地质学的基本实施步骤是勘察—分析—决策—处理—反馈。不同的是医学研究与处理的对象是人体，而工程地质学研究与处理的对象是地质体（或地球）。从某种角度说，地质体要比人体更为复杂，因为人体的结构都是一致的，而地质体却千变万化。

医学的目的是充分认识自然系统及其系统在某种条件下所发生的变化，并通过人工措施使变化了的系统尽可能地回复到原来的系统状态，即自然状态。而工程地质学的目的是在充分认识了自然系统后，人工地加上另一个系统，并使新的系统与原来的系统达到最佳程度的耦合。

在医学上，医治对象是人体，而人的生死规律是人力不可左右的，所以在医学上总有许多不治之症，而且每一个人的最终结局都是死亡。而在工程地质学上，只要我们不是有意地和大自然作对，从理论上讲，只要有足够的资金，工程中的任何工程地质问题都是可以解决的。前者可称为不可解决性，后者称为可解决性。

医学面对的是人的个体病愈或死亡，而在工程中一旦工程地质出现了问题可能面对的是一个群体的生存与死亡。

医学的研究与进步关系到整个人类的繁衍生息，工程地质学由于其使自然环境的改变也已经对人类的生存发展产生了重大与深远的影响。

医学对于人类生命的延续具有直接性，工程地质学对于人类的生存与发展是间接性的。也正是由于这种直接性与间接性的差异，导致人们更注重医学的发展，而轻视了工程地质学。

工程地质是与大自然打交道的一门科学技术，而大自然的力量是不可小觑的。违背了自然规律，工程就会失败，人类就要受到惩罚。对大自然一味地索取、一味地对抗，最后吃亏的肯定是我们人类。我们所要做的是寻找自然规律、遵从自然规律、适应自然规律，而不是与自然规律相抗衡，做"人定胜天"的臆梦。只有适应自然，与自然和谐相处，才能做到人地和谐，天、地、人共谱一曲和谐的歌。

道理虽然简单，但实际中人们常常并不遵守这一原则。即使工程设计人员也常常对工程地质不能给予足够的重视。但无数工程实践证明，不重视工程地质工作迟早会为此付出沉重的代价。1963年，意大利瓦伊昂拱坝水库失事造成2600人死亡就是最为典型的案

例。据统计资料，1998 年以前注册登记的世界大坝共有 216 座失事，其中由于地质原因失事的占 36%。

实际上，虽然工程地质学知识距离我们普通人较远，但是它的很多概念或名词早已深入到了我们的工作和生活之中。诸如：滑坡、整合、断层等。这些词汇不仅我们熟知，而且已经非常流行，即使在国家的正式文件中这样的词汇也屡见不鲜。但是，在日常使用这些词汇时，我们只是用了其表层的意思，或是用中文的阅读习惯——望文生义。我们几乎很少有人知道这些词的原始含义及其知识背景。实际上，这些词随便哪一个要大致说清恐怕也要几千字，甚至是一本书。仅关于滑坡的著作就汗牛充栋，可以开个图书馆。当然这些属于专业知识，过于深奥，非专业人员没必要去学习，此处也不再赘述。

工程地质是一项实践性很强的技术，通过一定的测绘和有限的勘探工作，通过运用地质知识对某一工程问题或某一建筑物的工程地质条件的优劣作出判断，从而为工程设计提供依据。所作出的判断和提供的依据是否正确，就关系到这个工程是否可以安全、经济地修建。因为不确定的因素很多，因为推理判断的东西很多，所以就会有很多不同的看法和意见。为此常常是争得面红耳赤、不亦乐乎。笔者在 20 世纪 90 年代初曾参加了北京十三陵抽水蓄能电站下水库截渗方案的选取论证。该问题争论多年，后来的一次关键的论证会上笔者几乎到了舌战群儒的地步。欲知详情如何，且听下回分解。

本回深读

# 工程地质学耦合理论初步研究*

【摘　要】　耦合理论是工程地质学的一个基本理论，它贯穿于工程地质学中的各个研究领域，也是解决各种各样工程地质问题的基本指导思想。其主旨就是在工程勘察、工程设计和工程建设中应将工程系统与自然系统做最佳的耦合。本文初步论述了耦合理论的基本思想、图示模型、数学模型、耦合理论的实施步骤与循环、耦合理论的决策准则、耦合度及其风险性分析，以及耦合理论与其他学科的关系等。

【关键词】　工程地质学　耦合理论　自然系统　工程系统

工程地质学是为工程建设服务的科学，是研究各种建筑物地质条件、建筑物对自然地质条件发生变化的影响，以及使建筑物在相应地质条件下保持稳定和正常使用的所需采取措施的一门科学。

地球上现有的一切工程建筑物都是建造在地壳表层的。地壳表层的地质条件就必然会影响建筑物的安全、建造与运行的经济状况；而建筑物兴建之后，又会反过来影响自然地质条件的变化，改变建筑物所处的地质环境。自然地质条件和工程条件处于相互联系、相互制约的矛盾之中。研究矛盾着的这两个方面的本质，并促使它们转化，使矛盾得以解决，这就成为工程地质学研究的对象。

工程地质学作为一门独立的学科已有70年的历史。但是这一学科长期以来一直是以解决实际问题为目的。由于这一学科的实用性较强，人们总是侧重于研究解决工程中出现的某些具体问题，而缺少对这一学科做理论上的系统的探讨。虽然人们在这一学科的某一方面或某一问题已经有了非常深入的研究，或在其某一分支学科中提出了相应的理论，但就工程地质学本身而言，却一直没有一个完

---

\* 此文发表在《工程地质学报》，2001年第9卷第4期，435-442页。

整的理论体系。耦合理论就是在前人大量实际工作和研究工作的基础上，提炼升华出的一个基本思想，它是贯穿于工程地质学的一个基本理论，也是解决各种各样工程地质问题的基本指导思想。

# 1　耦合理论的基本思想

耦合是指两个或两个以上的体系或两种运动形式之间通过各种形式的相互作用而彼此影响以至于联合互动的现象。工程建设中，工程区所处的自然条件（也包括工程经济条件、社会条件等）是一个完整的自然系统 $N$。工程建筑物本身一般也是由几部分组成的，各组成部分之间有着密切的联系，其是一个完整的工程系统 $P$。工程设计就是将工程系统 $P$ 与自然系统 $N$ 做最佳的耦合。

如图 0-1 所示，自然系统可以表示为几个元素已经确定了的集合 $N$，而工程建筑物是确定了另几个元素的集合 $P$。工程技术人员所要做的工作就是将集合 $P$ 放到集合 $N$ 上，并使二者尽可能地达到最大程度的重合——耦合。

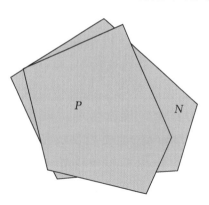

图 0-1　工程地质系统与
自然系统的耦合

实际工程中，人们有时需要在自然系统中添加一个人工系统，如建一座大坝，盖一座大楼；也有时需要在自然系统中减去一个人工系统，如地下洞室的开挖，矿山的开采。前者可以认为是在自然系统中增加一个正系统，后者可以认为是在自然系统中增加一个负系统。但是不管是增加正系统还是增加负系统，都需要使人工系统与自然系统达到最大程度的耦合。

但实际工程中，两个系统在天然状态下完全达到耦合是不可能的，都需要进行修改处理，或者说对系统进行修改。这种修改方法有二：

（1）改变自然系统 $N$：即采取工程措施，改变自然系统的某些属性。如挖除不宜于做建筑物基础的地层或对建筑物布置有影响的土石体，灌浆提高天然岩土层的密实度及承载力，锚固边坡上已有的或将有的开裂面增强其稳定性等。

（2）改变工程系统 $P$：即修改设计，改变建筑物型式。如调整坝高、坝型、装机、建筑物布置方式、建筑物位置的选择、建筑物尺寸的选用等。

应该指出，一项优秀的设计应是尽可能少地改变自然系统 $N$，并且应该充分利用和适应自然系统。新奥法施工就是充分利用围岩的天然应力状态保持洞室的稳定，这可以说是较好利用自然系统的典范。水利工程建设中水文资料的收集和地质资料的勘察等也是为了使工程系统尽可能地耦合自然系统。孙广忠教授提出的地质工程的概念实际上也就是充分利用自然条件，让工程系统与自然系统做最佳的耦合。

可以说任何一个成功的工程都是自然系统与工程系统取得最佳耦合的结果。反之，任何一个失败的工程都是自然系统与工程系统未相耦合造成的。

耦合理论的基本内容及其相互关系如图 0-2 所示。在此图中，工程的耦合侧重于传统意义上的工程地质内容，实际上在自然系统中也包括社会条件（社会需求、社会环境、经济环境等）、水文气象等因素；工程系统中还包括工程结构和工程措施等。但在传统的工程地质学中，这些都不属于工程地质学研究的内容。而要做好一个工程，这些都是人们必须考虑研究的问题。

部分项耦合与全项耦合：实际工程中要将工程系统与自然系统在各个方面完全耦合常常是难于做到的。如一个工程中有 $n$ 个影响因素，但其中有 $m$ 个主要因素，有时人们只要将 $m$ 个因素在工程系统与自然系统达到一定程度的耦合就够了，即部分项耦合，而不一定非要使 $n$ 个因素均耦合，即全项耦合［图 0-3（a）］。在实际工程当中，对于未耦合的项（$n-m$ 项），有时是人们知道诸项内容，而认为其不重要，不必进行耦合；但也有时是由于人们事先对自然系统和工程系统认识不全面，或由于人们认识水平的限制而不知道

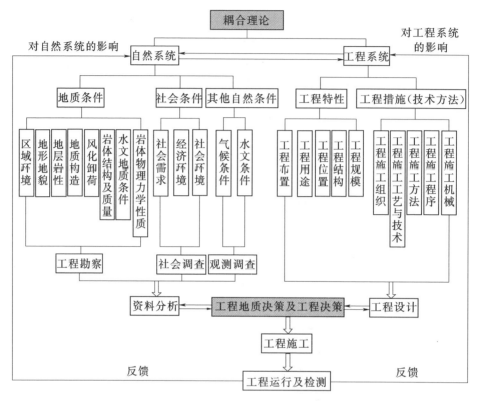

图 0-2　耦合理论的基本内容及其相互关系

自然系统中的某些影响因素造成了丢项［图 0-3（b）］。而后者常常会影响人们决策的正确性，甚至有可能导致工程失败。

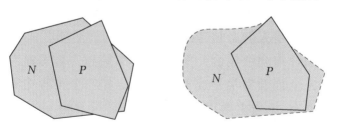

（a）自然系统影响因素全部已知时的部分项耦合　　（b）自然系统影响因素部分已知时的部分项耦合

图 0-3　工程地质系统与边界条件的耦合

　　局部耦合与整体耦合：同样在一个工程中，工程系统中的某一子系统可能与自然系统（子系统）是耦合的，即局部耦合，而整体工程系统与自然系统却是不耦合的或耦合度不高。例如，修建某一建筑物非常适合局部工程地质条件，但该建筑物却与工程总体布置不相适应。同样，一个水电站对于某一梯级来说可能是非常合适的，与自然条件是耦合的，但对于整个河流的开发利用却可能是不适宜的，是不耦合的。

短期耦合与长期耦合：同样，人们建设的某一项工程，工程系统与自然系统在目前或短期内是耦合的，但是由于自然条件是在不断变化的，从长期来看也许就是不耦合的。

# 2 耦合理论的图示模型

## 2.1 工程系统与自然系统的总体耦合

如前所述，自然系统和工程系统是两个不同的系统，工程建设就是将两个系统进行耦合。就工程地质范畴来说，自然系统就可以认为是工程地质系统，工程地质之外的内容可以由其他相关专业考虑。同样工程系统针对工程地质条件来说，就是工程处理措施。

在工程地质系统中，可以发现有这样的规律：工程地质条件好，工程措施（工程建筑型式或工程处理措施）就相对简单；工程条件差，工程措施就相对复杂。工程措施实施的强弱如给出一个评价指标 $M$，工程地质条件的优劣给出评价指标 $G$，那么在某一选定的安全系数下，工程措施评价指标 $M$ 和工程地质条件评价指标 $G$ 的复合接近于一个常数。因此工程系统和工程地质系统的总体耦合此时可用下式表示：

工程措施评价指标($M$)＋工程地质条件评价指标($G$)＝常数 $c$

在上式中，$M$、$G$ 两项互为消长。而常数 $c$ 是由工程设计的安全系数决定的，安全系数大，$c$ 值就高，反之安全系数小，$c$ 值也就低。这一式子反映工程系统与自然系统总体耦合的基本关系。

## 2.2　工程系统与自然系统的分项耦合

对于一个具体的工程来说，工程地质系统和工程系统都是由若干个因素构成的。二者的耦合关系可以用条形图来表示。

在一个工程项目中，就工程地质而言，对工程可能有直接影响的因素如有 $n$ 项，各项工程地质因素优劣各异，其评价指标分别为 $g_1$、$g_2$、$\cdots$、$g_n$，并组成一个系统 $G$，工程设计就是针对这些工程因素的优劣作出相应的设计。工程措施（工程结构、处理措施）组成另一个系统 $M$。工程地质条件好的，工程措施相对简单，工程地质条件差的，工程措施复杂。在一定的安全系数下，工程措施和工程地质条件诸项的复合也接近于一个常数 $c$（图 0-4）。

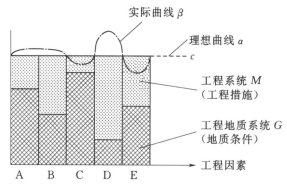

图 0-4　工程地质系统和工程系统耦合条形图

由于实际工程的复杂性，人们实际上很难控制每一个工程因素都恰恰达到理想状态（曲线 $\alpha$），某些工程措施可能处理的不够，某些工程措施可能过强了。因此实际曲线可能如图（0-4）中曲线 $\beta$ 所示。但是一般来说，这种波动只要在某一特定的范围内，整个工程仍然是安全可靠、经济合理的。但如果某一项超过其允许下限，就将引起工程事故。

由于实际工程的多样性、复杂性，各个工程的工程因素项目个数和种类各不相同，各项目的评价指标也各不相同。这样就构成了各个工程的特色，工程设计就是针对这种特色进行设计，从而达到最佳耦合。

在实际工程中，对于某一工程因素优劣的评价固然重要，但是对于这些因素项目的列出更为重要。因为对于某一工程因素的优劣评价对于工程结果来说可能只是量的变化，而忽略了某一工程因素，对于工程结果来说可能是质的变化。因此在实际工程中工程地质问题的研究与处理，可以说不怕有不利的工程地质问题，就怕没有发现或注意到某一不利的工程地质因素。

# 3　耦合理论的数学模型

## 3.1　自然系统和工程系统为常数时的数学模型

若工程地质系统中的工程地质因素有 $n$ 项（$G_1$、$G_2$、$\cdots$、$G_n$），则设各项工程因素的评价指标分别为 $g_1$、$g_2$、$\cdots$、$g_n$。

针对工程地质条件，相应的工程系统中的工程因素也有 $n$ 项（$M_1$、$M_2$、$\cdots$、$M_n$），采取相应措施指标分别为 $m_1$、$m_2$、$\cdots$、$m_n$。

工程地质耦合就是应尽可能地将每一自然因素的评价值与工程处理措施强度值之和为一常数 $c$，即

$$g_i + m_i = c$$

常数 $c$ 是根据工程的安全系数或可靠度确定的。

自然系统与工程系统的耦合可用矩阵表示如下：

自然系统矩阵为

$$\boldsymbol{G} = |g_1, g_2, \cdots, g_n|$$

工程系统矩阵为

$$\boldsymbol{M} = |m_1, m_2, \cdots, m_n|$$

自然系统与工程系统的耦合即为

$$\begin{aligned}\boldsymbol{G} + \boldsymbol{M} &= |g_1 + m_1, g_2 + m_2, \cdots, g_n + m_n| \\ &= |c, c, \cdots, c| \\ &= c|1, 1, \cdots, 1|\end{aligned}$$

$$c = \begin{vmatrix} g_1, g_2, \cdots, g_n \\ q_1, q_2, \cdots, q_n \end{vmatrix}$$

自然系统与工程系统也可为一个联合矩阵。

## 3.2 自然系统和工程系统为不连续变量（函数）时的数学模型

若自然系统中的自然因素有 $n$ 项（$N_1$、$N_2$、$\cdots$、$N_n$），但自然系统中的工程因素评价指标不是常数而是变量，则这些变量分别用函数 $\phi_1$、$\phi_2$、$\cdots$、$\phi_n$ 表示。

相应的工程系统中的工程因素也有 $n$ 项（$M_1$、$M_2$、$\cdots$、$M_n$），采取相应措施指标的函数分别为 $\psi_1$、$\psi_2$、$\cdots$、$\psi_n$。

工程地质耦合就是尽可能地将每一自然因素的评价值与工程处理措施强度值之和为一常数 $c$，即

$$\phi_i + \psi_i = c$$

用矩阵表示如下：

自然系统矩阵为

$$N = |\phi_1, \phi_2, \cdots, \phi_n|$$

工程系统矩阵为

$$M = |\psi_1, \psi_2, \cdots, \psi_n|$$

自然系统与工程系统的耦合即为

$$N + M = |\phi_1 + \psi_1, \phi_2 + \psi_2, \cdots, \phi_n + \psi_n|$$
$$= |c, c, \cdots, c|$$
$$= c |1, 1, \cdots, 1|$$

## 4 耦合理论的应用步骤及其循环

### 4.1 耦合理论的实施步骤

工程地质学耦合理论的具体实施，从认识的角度说可以分为三

个基本步骤，即工程地质勘察 I（Investigation）、工程地质分析 A（Analysis）、工程地质决策 D（Decision）。

工程地质勘察就是运用工程地质理论和各种技术方法，为解决工程建设中的地质问题而进行的调查研究工作，包括工程地质测量、工程地质测绘、工程地质勘探（钻探、物探、洞探、坑槽探、化探等）、工程地质试验和工程地质观测等。

工程地质分析就是应用工程地质学及其他相关学科的原理方法，分析对工程建设有影响的各种工程地质因素的性质与特征、各因素之间的相互关系、各因素对工程建筑物的影响程度等，从而为工程决策奠定基础。工程地质分析方法较多，归纳起来有四种，即自然历史分析法、工程地质类比法、数学力学分析法和模型模拟试验法。近年来人们对数学力学分析法研究较多，并提出了许多新的理论和方法，包括有限元计算、数值分析、模糊理论、灰色理论、非线性分析、神经网络理论等。

工程地质决策是指人们为了实现某种特定的目标，运用科学的理论，系统地分析工程中的工程地质条件，提出各种预选的可能方案，并从中选择出一个方案，从而使工程建设技术上可靠、经济上合理、运行上安全。

上述三个步骤不仅仅是耦合过程中循序渐进的三步，同时也是一个认识水平逐步提高的过程，是对自然系统认识的三个不同层次。工程地质勘察是工程地质分析的基础，工程地质分析是工程地质决策的基础，而在这三个步骤当中，工程地质决策是关键。

实际上，耦合理论对于一个实际工程来说，还包括工程地质处理 T（Treatment）、工程地质反馈 F（Feedback）两个步骤。虽然这两个步骤在传统概念上有时已不属于工程地质学的范畴，但是要使工程系统与工程地质系统达到最佳耦合，这两个步骤是非常重要的，或者说也只有经过了这两个步骤才能使二者达到真正的耦合。

耦合理论实施步骤中的具体内容如图 0-5 所示。实际上，在这个框图中包括了工程地质学中所研究的各个问题。换言之，人们对于工程地质学所研究的各种问题都包含在了这一框图中的一项或几

项之中，也可能是利用这一框图中的某一部分专门研究某一具体工程地质问题，如边坡稳定问题等。

## 4.2 耦合理论实施步骤的循环

在耦合理论实施的五个步骤中，可以形成一个单向的循环，即 IADTF 循环（图 0-6）。在这个循环中，工程地质决策是关键，属最高层次。工程地质问题处理完成后，经过工程地质反馈，进行新一层次的工程地质勘察，对工程建筑物进行补强和局部再处理。每经过一次循环，工程的耦合可能进行一次新的跃迁，从而使工程系统与工程地质系统做进一步耦合（图 0-7）。

耦合理论是工程地质学的基本理论，也是工程地质学所特有的理论。因为只有地质工程才会在自然系统中加入另一个人工系统，并使二者达到最佳耦合。

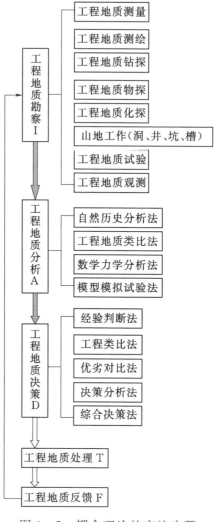

图 0-5　耦合理论的实施步骤

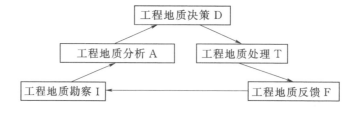

图 0-6　耦合理论应用中 IADTF 循环

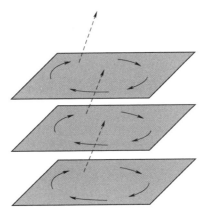

图 0 - 7　耦合理论应用中 IADTF
循环及其不同层次的跃迁

## 5　工程地质学耦合理论的决策准则

为了使工程系统与自然系统达到最大限度的耦合，在工程地质决策
中遵循的准则是：充分利用为上，合理避开为中，适当处理为下。

所谓充分利用，就是充分利用自然条件，就工程地质而言，就
是充分利用工程已经存在的工程地质条件的现状和有利因素，让工
程设计去耦合自然系统。例如，利用天然地形改变建筑物的布置及
尺寸，减少工程开挖；利用坚硬的岩性，减少地基处理强度和处理
量；利用断层破碎带或风化岩体的开挖布置适宜的建筑物，利用地
下水的出露点布置建筑物排水设计等。优秀的设计应该是充分利用
自然条件，而不是强行改变自然条件，这种自然条件的利用程度越
高，工程就越安全，工程造价也越小。

所谓合理避开，就是对于不良的工程地质体，在不能被工程建
筑物合理利用的情况下，如果可能应该采取尽量避开的原则。如工
程建筑物的布置应该尽量避开区域性的断裂破碎带、地基中的不良
岩体、水文地质条件复杂地区、松散的边坡分布处等。因为任何一
个不良地质体的存在一方面对工程的安全产生影响，另一方面将大

大增加工程造价。

所谓适当处理，就是在不良地质体无法避开的情况下所必须进行的工程处理，如工程开挖、锚固、灌浆等。但是在工程处理中仍然不能盲目进行，要遵循"最小、有效、安全"三项原则，即工程处理工作量最小，处理措施对于解决工程问题有效，处理后的工程建筑物应该达到安全运行的标准。既要避免设计保守而盲目增加工程量，也要避免盲目乐观而使工程处理措施不够，给工程安全留下隐患。

# 6 耦合度及其风险性分析

实际上，在任何时候人们对自然的认识都是不可能达到百分之百的，在工程实际中由于经费、时间等因素的限制，对于工程地质条件的认识也不可能达到百分之百。在这种认识不充分的情况下，工程系统与自然系统就不可能达到百分之百的耦合，这种工程系统与自然系统的耦合程度称为耦合度。在耦合度未达到 100% 时作出的工程地质决策或工程决策，就或多或少地带有一定的风险性。

影响耦合风险性的因素包括：前期勘察工作量的限制，研究者知识水平的限制，决策者的决策态度限制和人类对于自然认识水平的限制等。对于前三个因素由于篇幅所限，此处不作赘述。而最后一个因素却常常是易被人们所忽略的。

由于人们对于自然认识水平的限制，对于自然系统有时人们是认识不够或目前根本无法认识的。这就给人们在风险性分析中制造了一些假象，人们可能认为某一工程地质问题处理的风险性已经降为接近 0 了，但是由于人们认识的不足，该问题的风险性也许很大，从而引发工程事故。如在 1928 年垮溃的美国圣·佛朗西斯大坝，其原因就是因为大坝右岸一个不稳定岩体没有被认识到，而这一问题就当时的技术水平来说是不可能被认识到的。

因此不能不有这样的担心，今天人们搞的某些工程建设对于人类和自然来说到底是益还是害。三峡工程上马时的激烈争论就是这一问题的一个具体表现。

工程经验在风险性分析中起着重要作用。因为人们可以根据已有的工程经验分析评价工程地质条件及其对工程的影响，并定性地判断人们所面临的工程地质问题在进行了某种处理后到底有多大的风险性。

对于风险性分析的数学方法，在有关书籍中有专门论述，此处也不作赘述。

# 7 耦合理论与其他学科的关系

工程地质学的研究和工程地质问题的解决涉及的其他学科种类繁多。它几乎涉及了基础科学的各门学科，包括数学、物理学、化学、天文学、生物学等。它也涉及了地质学中的各门分支科学，包括普通地质学、构造地质学、地层学、地史学、岩石学、矿物学、地质力学、地下水动力学、第四纪地质学、岩石（体）力学。制图理论与方法、计算机科学等也是工程地质学中经常使用的基本工作手段。系统科学、运筹学、决策理论也已在工程地质问题的研究中得到了广泛的应用。由于工程地质学的实用性，经济学、社会学中的诸多问题也是研究工程地质实际问题中经常而且必须涉猎到的。

在人类科学技术的各门学科中，也许没有哪一门学科像工程地质学这样要涉及如此多的基础科学、边缘科学、应用科学。做一名优秀的工程地质技术人员和研究人员需要上知天文、下识地理、中通社会。

工程地质学的基本理论包括诸多内容（图 0-8）。在以往的工程地质研究中，前人也曾提出了一些工程地质理论，诸如岩（土）体结构控制论、地质构造控制论等。但实际上这些理论都是在某一特定的工程地质环境下是正确的，也就是说工程系统在该特定环境下与工程地质系统达到了耦合。而在另一种条件下就不能耦合了。因此只有耦合理论才是贯穿于工程地质学整个学科的基本理论，是工程地质学通论。

实际上工程地质学与医学有许多相同之处。医学的基本治疗过

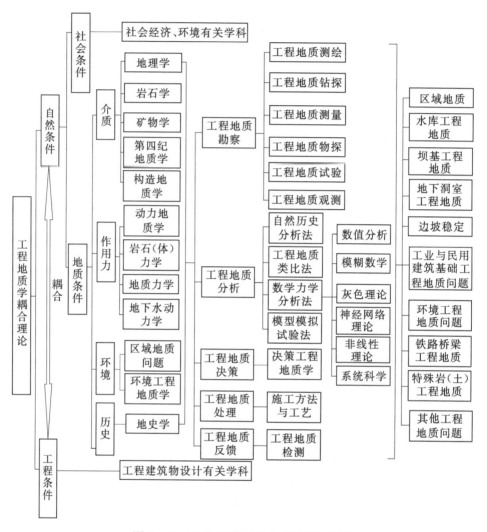

图 0-8　工程地质理论与学科体系图

程是检验—诊断—确诊—治疗—观察反馈几个步骤。工程地质学耦合理论的基本实施步骤是勘察—分析—决策—处理—反馈。但不同的是医学研究与处理的对象是人体，而工程地质学研究与处理的对象是地质体。从某种角度说，地质体要比人体更为复杂，因为人体的结构都是一致的，而地质体却千变万化。因此工程地质学从某种意义上说也许要比医学更为复杂。

## 8  耦合理论下一步应研究的问题

耦合理论在实际工作中的具体应用方法目前还很不完善，还难于进行定量的操作，还需要作进一步的研究。但是，可以这样说，应用方法固然是理论应用于实践的有效手段，但耦合理论的基本思想更为重要。也就是说，在实际工程当中，作为一个工程地质工作人员，首先要有一个耦合的思想，即在查明工程区工程地质条件的基础上，努力将工程系统与工程地质系统进行最佳的耦合。

从另一个角度讲，由于工程地质条件的多样性、复杂性，人们也不必追求工程地质问题的处理像数学计算那样准确、定量。实际上，也不可能存在一个仅通过数学计算就可解决工程地质问题的方法。

耦合理论是笔者在中国科学院地质研究所就读博士期间，在导师王思敬院士的启发指导下逐步形成的。由于这是工程地质学中的一个新的理论，所以其目前还是极不成熟完善的，有些也可能还是错误的。笔者认为对于这一理论下一步应重点进行以下几个问题的研究：①耦合理论图示模型和数学模型的研究；②耦合理论在实际工程中的应用方法的研究，包括工程系统与工程地质系统中各项评价指标确定方法的研究；③应用耦合理论解决工程实际问题的计算机应用程序的开发等。

## 参 考 文 献

[1]  李广诚. 抽水蓄能电站工程地质决策方法研究及其在北京十三陵工程地下厂房位置选择中的应用 [D]. 北京：中国科学院地质研究所，1999.

[2]  王思敬. 略论工程地质学思维 [J]. 工程地质学报，1997，5（4）：289 - 291.

[3]  韩志诚. 抽水蓄能电站地下工程地质工程因素分析 [J]. 工程地质学报，2000，8（S1）：141 - 146.

第一回

# 舌战群儒，巧妙利用隔水层
## ——十三陵抽水蓄能电站下水库黏土层的利用

萧瑟秋风，燕北寒，层林霜染。回龙观，明陵遗迹，望气升烟。十三帝王尘与土，九龙空锁玉坝拦。忆当年，红旗迎风展，战地天。

日月明，水青清；随逝水，化为风。江山千古事，谈笑樵翁。功名了却将军泪，事业可成书生名。停杯问，群雄与霸主，谁长生？

列位看官，这首满江红《十三陵怀古》是一位自号易七麻子的先生在网上发表的诗词，说的是北京市昌平区十三陵这块风水宝地。这里是明朝龙脉所在，它后面的万寿山与万山之祖昆仑山一脉相承，是风水所说的北干龙最长的一条龙脉。北干龙西起昆仑，经贺兰，龙腾虎跃至太行、燕山，到此处龙头平卧。在1958年号称"大跃进"的年代，毛主席他老人家带领千万民众肩挑背扛，在十三陵之东南人工修建了十三陵水库，并亲笔题写了"十三陵水库"几个大字。他老人家战天斗地的英雄气概，无人能及。这里风景优美，大坝雄伟壮观。有诗曰：

玉坝横空锁九龙，千年王陵变游城。
明清两代帝王后，散做湖边垂钓翁。

从20世纪70年代初开始，国家开始规划在北京十三陵地区建设一个抽水蓄能电站。抽水蓄能电站是一个调节电网峰谷负荷差的电站，就是在大家用电很少的电网低谷期如深夜，蓄能电站用这些剩余的电力将一定的水量抽到一个地形较高处——上水库，作为能

十三陵抽水蓄能电站下水库（原十三陵水库）

量储存起来。在电网用电高峰期间，别人都用电了，电网里的电力相对不足时，蓄能电站将上水库中的水通过发电机放出发电，供电网使用。从能量守恒的角度说，这种发电方式是不划算的，一般消耗 10kWh 的电可以发出 7kWh 左右的电力。但从经济角度来说其效益却相当可观，因为电网峰谷期间的电价是不同的，很多国家在用电高峰期和低谷期制定了不同的电价，目前我国也已有多个城市采用了峰谷电价制。假如低谷期电价为 0.20 元/kWh，高峰期电价为 1.00 元/kWh。那么以消耗 10kWh 计就有：7kWh × 1.00 元/kWh － 10kWh × 0.20 元/kWh ＝ 5 元的收入。而一个装机 1000MWA 的蓄能电站年发电量可达 10 亿 kWh 多，其效益就相当可观了，因此有人形象地将抽水蓄能电站比作一个低买高卖的倒爷。实际上，抽水蓄能电站在电网中还起着削峰填谷、保证电网运行安全等作用。因此在国内外都已大规模修建起抽水蓄能电站。在我国也已遍地开花，且方兴未艾。目前已建成发电的有数十座，如北京十三陵抽水蓄能电站、广东广州抽水蓄能电站（一、二期）、浙江天荒坪抽水蓄能电站等。另还有一大批抽水蓄能电站在建设或规划设计中。

　　曾经带着一些朋友或者非水电专业的工程技术人员、学者参观

过十三陵抽水蓄能电站，这个工程也一直使笔者引以为豪，因为笔者在这个工程中曾先后工作六七年之久，并且经历了下池防渗处理方案的选择、地下厂房选址、高压管道塌方处理等一系列重大工程地质问题或工程问题的讨论、研究和决策。自认为在该工程的建设中起到了一定的作用。那时候笔者先后任十三陵项目的地质组组长和设计院地质队队长，主管十三陵工程的地质工作。由于那时针对十三陵的一些技术问题争论较大，所以经常邀请国内外的专家学者到十三陵提供咨询或指导，而每次专家们到现场都是由笔者负责接待，带着他们参观开挖的探洞、钻孔，给他们讲解该工程的地质条件，俨然一位官方发言人。特别得意的是有一段时间，法国的一位地质专家到现场咨询，笔者负责陪同作技术介绍，而给笔者和老外开车的姑娘就是笔者现在的妻子，我们三人一起工作了大约一周的时间。老外离开中国我们在机场告别时候，笔者告诉他这几天给我们开车的姑娘是笔者的未婚妻，而且再过几天我们就要结婚了。老外听了惊讶不已，同时抱怨笔者为什么不早点告诉他，他好给我们准备个小礼物。

蓄能电站主要由上水库、发电厂（一般为地下）和下水库三部分组成。十三陵抽水蓄能电站拟用在 1958 年修建的十三陵水库做下水库。但由于十三陵水库为"大跃进"年代修建，当时仓促上马未做细致的地质勘察工作，致使水库修好后存在渗漏问题，一直没有蓄起水来。20 世纪 70 年代，在十三陵水库大坝下面做了截渗墙，封住了坝下通过覆盖层向库外渗漏的通道。但是仍存在库尾渗漏问题，水库蓄水到一定高程，库水便通过库尾古河道向大宫门方向渗漏。

由于蓄能电站用水量较小，只需在原十三陵水库库尾适当的位置做一堤坝，截出一小库盆即可满足蓄能电站的需要。但做堤坝处的地层为覆盖层，也存在着渗漏问题，这就在堤坝下面需要建立一道混凝土防渗墙。此时防渗墙做多深成为工程中争论的焦点。防渗墙基本方式有二：一是全封闭式，打穿全部覆盖层（60m），将防渗墙做至基岩上，此方式可彻底解决渗漏问题，但造价高，施工难度大；二是悬挂式，防渗墙仅打穿上部渗透性较大的砂砾石层，利用覆盖层中部相对不透水的黏土层做隔水底板，此方案施工难度小，造价低，但存在继续渗漏的风险。

据勘察，十三陵水库库盆内的覆盖层具有明显的三元结构，即上部为砂砾石层（厚约20m），中部为黏土、亚黏土层（厚14～20m），下部又为砂砾石层（厚约20m）。通过抽水试验，三层的渗透系数分别为$K=100$m/d、0.001m/d和40m/d。假如覆盖层中部渗透系数极小的黏土层，在小库盆中普遍存在且连续分布，并具有一定的厚度，在库底形成一个天然铺盖，那么就可以将防渗墙仅打至该黏土层，即利用黏土层作为库尾防渗墙的下界，形成一个封闭的小库盆，这就解决了水库渗漏问题。

如果将防渗墙采用悬挂式，仅打至中部黏土层，防渗面积可减少近2/3，同时由于防渗深度减小，大大降低了施工难度，可节约资金一半以上，也可大大缩短工期。

但是黏土层在小库盆内是否普遍存在且连续呢？黏土层是否会存在"天窗"沟通上下砂砾石层造成渗漏呢？这就需要做大量的勘察试验，深入细致地分析论证此方案的可行性，从而保证工程万无一失。

另一方面，所谓黏土层存在且连续也与其地理位置有关。在A处它可能是存在且连续的，此方案成立。但在B处它就可能会有局部缺失，而到了C处它就可能完全不存在了。这样如果在B、C处建设悬挂式防渗墙，此方案就不成立了。

对于库尾防渗墙的位置，笔者和另外一两位地质技术人员推荐的方案是半壁山——高尔夫球场方案，简称半壁山方案。我们认为在此位置利用黏土层做隔水底板是可行的。当时与笔者一起工作的有一位叫苗丹科的技术员，是专门负责搞下水库工程地质勘察与分析的。他曾对有关领导半开玩笑地说："我愿以我的脑袋担保，采用半壁山——高尔夫球场一线利用黏土层做防渗墙方案。如果此方案成功，可否将节省工程造价的千分之几或万分之几作为奖金发给我。如果失败了，处分坐牢，要杀要剐都行！"笔者当时支持这一观点，所以也极力鼓吹，向有关领导和部门建议利用黏土层做防渗

墙。但工程建设中，工程地质结论正确与否与工程的成败常常不仅关系到工程费用的多少，很多也关系到千万人民生命财产的安全，不是哪个人用脑袋担保就可以的。它实际上常常是只许成功，不许失败。所以库尾防渗墙到底是打至基岩还是黏土层就一直悬而未决，一直在不断地研究。

1991年，十三陵抽水蓄能电站工程已正式开工，下水库库尾防渗墙也将开始施工，因此防渗墙布置位置和设置深度问题再次提到了桌面。当时十三陵抽水蓄能电站的建设方为华北电管局，他们在十三陵设立了筹建组。筹建组的有关领导为了加大下水库水面面积，使下水库具有更美丽壮观的景观以利于旅游，打算把下水库库尾堤坝位置向库尾方向后移约1000m，处于昌平通往定陵公路上的七孔桥附近，即七孔桥方案。但防渗墙在这个位置其长度已比半壁山方案长了一倍多，此处基岩面深度距地面已近百米，如仍采用全封闭基岩防渗，其工程造价要比半壁山方案增长几倍，这是当时难以接受的。为此筹建组的有关领导就想利用黏土层做防渗墙下界，做悬挂式防渗墙。他们指示北京市水利规划设计研究院对该问题再次研究，并于1991年初召开了十三陵抽水蓄能电站下池防渗方案专题技术论证会。笔者因对十三陵下水库的资料熟悉，也被邀请作为专家参加此次会议。

会议在颐和园附近的未名山庄举行。那天早晨，会前笔者见到了十三陵工程副设计总工程师蔡梅珠。这是一位让笔者十分敬佩的女性，既敬业，又思路清晰。蔡总悄悄把我拉到了一边，问我是否看了会前发的资料？是否同意七孔桥方案？我说不同意。我告知她这是一个不可行的方案，并简述了理由。蔡总说："你如果不同意这个方案，你今天就要在会议上讲明你的观点。今天业主召开此次会议是准备强行通过这个方案。"笔者心里有数了。

会议经过简单的开场白之后，由北京市水利规划设计研究院的一位技术人员作近期对于下水库的勘察研究情况的技术汇报。汇报结论是在七孔桥附近利用黏土层做悬挂式防渗墙是可行的。汇报结束后开始技术讨论。与会的专家有二三十位，各自发表意见。但总体意见都认为这个方案可行，并且阐述了这个方案的主要优点：诸如扩大水面具有开阔的景观，便于游船航行，能更好地改善周边环境等。讨论的意见几乎是一边倒。

笔者一边听着大家的发言，心里在盘算选取哪个时机发言。今天与会人员都是国内知名的专家，起码都在 50 岁以上，而笔者当时不满 30 岁。笔者过早抢先发言显得对这些老专家们不够尊重，但太晚了就很难对大会的决定产生影响。因为会议只有一天，所以笔者决定一定要在上午发言，若在下午发言就很难改变会议的结论了。笔者给自己定的时间是 11 点半。

到了 11 点半左右，在一位专家发言结束后，笔者马上说："我来谈一点看法。为了表达清楚，我到台上向大家汇报。"笔者走到台上悬挂的图纸前，说："刚才北京市院作了下水库防渗方式的技术汇报，我对该汇报推荐的七孔桥方案有不同看法。这里我提出三点疑问。"于是笔者对照着北京市院提供的图纸谈了自己的看法。并告诉大家笔者是一直坚决主张利用黏土层做防渗墙下界修建悬挂式防渗墙的，但是在半壁山，不是在七孔桥。在七孔桥做悬挂式防渗墙不可行！

在笔者发言的最后给大家讲了一个故事。德皇威廉二世曾经亲自设计过一艘超一流战舰。他在设计书上写道："这是我积多年研究，经过长期思考和精细工作的结果。"并请国际上著名的造船家对此设计做出鉴定。过了几周，造船家送回其设计稿并写了下述意见："陛下，您设计的这艘军舰是一艘威力无比、坚固异常和十分美丽的军舰，称得上空前绝后。它能开出前所未有的高速度，它的武器将是世上最强的。您设计的舰内设备，将使舰长到见习水手的全部乘员都会感到舒适无比。你这艘辉煌的战舰，看来只有一个缺点，那就是只要它一下水，就会立刻沉入海底，如同一只铅铸的鸭子一般。"笔者说，现在的七孔桥截渗方案就像德皇设计的战舰，尽管它有许多优点，但缺点只有一个，就是它是个漏库，蓄不起水来。

笔者发言结束，上午会议休会，这正是笔者所希望的效果。午

餐期间，许多专家对笔者的意见极感兴趣，又问了笔者一些更深入的问题。下午复会后，风向改变。专家们又提出了一些问题。但在傍晚散会时的结论却是：对十三陵工程下水库库尾截渗方案再作进一步研究。哈哈，这个会议整个让笔者给搅了局。

其实，在这个会议中并不是那些专家们水平低，而是会议所邀请的专家所从事的专业几乎都不是工程地质，多为施工、机械、环境等，所以面对建设单位提出的方案，很难从地质的角度发表意见。

几个月之后，下水库防渗墙开始施工。实际采用的方案既不是笔者力主的半壁山方案，也不是这次会议的七孔桥方案。而是介于两线之间的大宝山——高尔夫球场方案。这次方案确定会议笔者没有参加。后来听参会的人员告诉笔者，此方案建成的下水库会有一些渗漏，但领导认为漏也是漏到了北京，还可以改善环境，漏多少补多少就是了，都是北京自己的事。笔者觉得这也有一定道理，其已经超越了地质的技术范畴。领导的决策，高！实在是高！

# 十三陵抽水蓄能电站下库河床黏土层
# 渗透特征及其成因模式研究[*]

【摘　要】　为解决十三陵抽水蓄能电站下库库尾渗漏问题，拟在库尾半壁山附近做一防渗墙。由于河床覆盖层内存在着一厚约 20m 的黏性土层，如做一悬挂式防渗墙，把黏性土层作为防渗墙下界，可比以下部基岩作为下界节约资金一半以上。本文在以往勘探资料的基础上，通过钻孔、物探、水文地质特征等方面的资料，分析论证了黏土层在库盆内的连续性，然后给出了十三陵盆地黏土层的成因及分布模式。最后指出黏性土层在十三陵电站下库库盆内是普遍存在且连续分布的，以其作为库尾防渗墙下界是可行的。

【关键词】　渗漏　防渗墙　黏土层　形成模式

## 1　工程概况及问题的提出

十三陵抽水蓄能电站位于北京市昌平区，装机 4 台，总容量 80 万 kW。电站利用原有的十三陵水库做下库，运行时要求下库水位保持在高程 87.00m 以上。

十三陵水库为一山间盆地，其左右两岸为侏罗系安山岩、砾岩及寒武系灰岩等，透水性差；库盆下游即十三陵水库大坝处已在 1970 年做过坝下防渗墙，均不存在渗漏问题。但经过多年的水库运行，发现十三陵水库存在着库尾渗漏问题，即蓄入十三陵水库的库水自库尾通过大宫门古河道回渗漏出库外（图 1-1）。为保证蓄能电站运行时下库所必需的水位，设计时拟在库尾半壁山至蟒山之间地下做防渗

＊　此文发表在《工程地质学报》，1997 年第 5 卷第 2 期，112-117 页。

墙，地上修建堤坝，截出一小水库供电站使用（图1-2）。

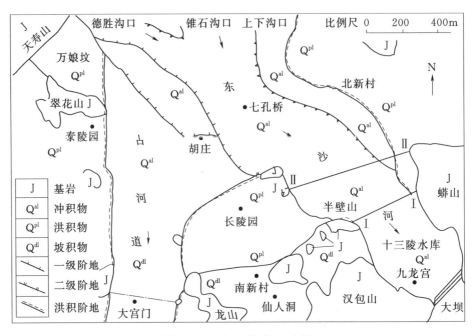

图1-1　十三陵盆地略图

库尾防渗墙的深度是工程研究的主要问题之一。如果将防渗墙打穿覆盖层（60m），防渗墙做至基岩上，自然可解决渗漏问题，但造价高，施工难度大。另据勘察，十三陵水库库盆内的冲积层具有明显的三元结构（图1-2），即上部为砂砾石层（厚约20m），中部为黏土、亚黏土层（厚14～20m），下部又为砂砾石层（厚约20m）。通过抽水试验三层的渗透系数分别为 $K=100$m/d、0.001m/d 和 40m/d。由于冲积层中部的渗透系数小，于是考虑是否可以利用此黏土亚黏

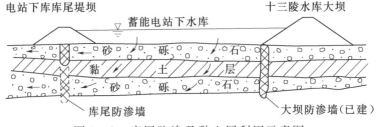

图1-2　库尾防渗及黏土层利用示意图

土层作为水库下部隔水底板。假如黏土层在小库盆中普遍存在且连续分布，并具有一定的厚度，在库底形成一个天然铺盖，那么就可以将防渗墙仅打至该黏土层，即利用黏土层作为库尾防渗墙的下界。

如果将防渗墙打至黏土层，防渗面积可减少近 2/3，同时由于防渗深度减小，大大降低了施工难度，可节约资金一半以上，也可大大缩短工期（表 1-1）。

表 1-1　　　　　　　防渗墙工程量及造价对比表

| 对比项<br>方案 | 防渗墙深度/<br>m | 防渗面积/<br>万 m² | 工程造价/<br>万元 |
|---|---|---|---|
| 打至基岩 | 65 | 5.03 | 3000 |
| 打至黏土层 | 25 | 2.00 | 1500 |

但是黏土层在库内是否普遍存在且连续呢？黏土层是否会存在"天窗"沟通上下砂砾石层造成渗漏呢？本文根据各种勘察试验资料，分析论证了黏土层的渗透特征及其做防渗墙下界的可行性。

## 2　库盆内黏土层的连续性分析

十三陵盆地内地势平缓，西北高、东南低，高程在 80.00～120.00m，其周围为低山残丘（图 1-1）。盆地由两条河道组成，向南为大宫门古河道，向东为东沙河现代河道，盆地北部有德胜口、上下口、锥石口、老君堂等汇入东沙河，雨季有地表径流，平时多以潜流形式汇入盆地。盆地内大部分为第四纪冲积物所覆盖。冲积层厚度不一，大宫门处的覆盖层厚度为 104m、胡庄一带为 148m、大宝山及北新村一带为 80m，十三陵大坝处为 60m。

### 2.1　库盆内黏土层的钻探资料分析

1. 库尾防渗线附近钻孔资料分析

1987 年在初步选定的库尾防渗线勘探剖面上共钻 13 个钻孔，

平均孔距约 75m，各孔均钻至基岩（图 1-3）。据此剖面可知，在防渗线附近，河床冲积物具有明显的三元结构，即上部为砂砾石层，中部为黏土亚黏土层，下部又为砂砾石层，总厚度约 60m。各孔所揭露的黏土层上下界面高程基本相同，可连续。黏土亚黏土层平均厚约 20m，最大 35m。其顶部为一层褐色黏土，厚 4～5m；中部为褐红色亚黏土，偶含砾石，局部夹薄层的粉细砂层；底部为黏土、亚黏土夹碎石土层，大部分钻孔均见有 1～2m 厚的亚黏土夹风化砾石层。

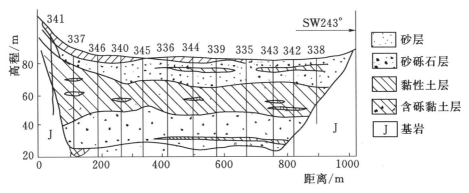

图 1-3　库尾防渗线（I—I）地质剖面示意图

在此勘探线上游约 600m 的 II—II 勘探剖面线上，此黏土层也普遍存在且连续，平均厚度也约 20m。

在两勘探线之间还布置有 ZK13 等钻孔，在这几个钻孔中也揭露了该黏土层，其厚度及高程与两侧勘探线钻孔资料相近。

2. 十三陵大坝下游钻孔资料分析

十三陵水库坝前处钻孔和坝下防渗墙的施工过程中也发现此黏土层普遍存在且连续，其分布高程较库尾防渗线处略低（约 10m），但厚度与库尾处相近。

在十三陵大坝以下的河道中，也分布有该黏土层，但其顶面高程已降到 40m 左右。但此处已不再是三元结构，缺失了下部的砂砾石层，估计砂砾石层在河道升降变迁过程中被冲蚀掉了。

### 3. 库盆内钻孔资料分析

在修建九龙宫游乐园时的钻孔中，该黏土层存在连续，顶面高程介于大坝和库尾防渗线处黏土层的分布高程之间。由于该处基岩面较高，也缺失了下部砂砾石层。

左岸库边钻孔多未打到黏土层，仅 ZK22 号孔在孔深 57.36m 冲积层与下部基岩接触部位发现有少量黏土，返水呈浅红色。其原因可能是由于该处基岩面较高。

## 2.2　库盆内物探资料分析

钻探资料证明了库盆内的黏土层在几条"线"和个别"点"上是存在且连续的，但"面"上是否连续呢？为此，利用黏土层的电阻率较砂砾石的电阻率小得多的原理，在库尾防渗线上下游进行了物探电法勘测。共布置 16 条电剖面，总长 160m。电剖面间距为 50m，平面探测精度为 10m。据物探资料可以得出以下结论：

（1）黏性土层的视电阻率一般低于 $100\Omega m$，在此电阻率范围内黏土层一般厚度大于 20m。视电阻率未出现局部突然增高的现象，说明黏性土连续性较好。

（2）在近半壁山和大宝山一带，视电阻率增高，这是由于基岩面相对较高，黏性土层相对较薄，且黏性土层直接覆盖于基岩面之上，并非没有黏性土层。

（3）在视电阻率等值线图上有两条"沟"，其位置与钻孔勘探的黏性土层顶面高程较低处相吻合。但等值线向上游平缓上升，并未出现"陡坎"，且下切深度不大于 5m。

## 2.3　库盆水文地质资料分析

### 1. 库盆内上下层地下水流态

由于黏土层的存在，库盆内的地下水形成了上下两个含水层，即上部砂砾石层中的潜水和下部砂砾石层中的承压水。根据长期观测资料：上层潜水位东北高，西南低，自库尾流向西南大宫门方向，而下层承压水基本保持同一个高程。这说明由于黏土层的隔水

性，地下水已分为两个相互独立的水力系统，不具连通性。另一方面，上部潜水层由于受到上游及四周山体地表或地下水的补给，在水库干枯时向南西方向流动。而下层承压层补给源相对较远，大坝防渗墙又堵住了其运移通道而相对不发生运移。

2. 库盆内上下层水位变化特征

图1-4为位于大坝下游上下不同含水层内的观测孔水位历时曲线。其中531号和东3号钻孔代表上层砂砾石层水位，453号和532号钻孔代表下层砂砾石层水位。从图1-4中可见，上层潜水与降雨量关系紧密，反应灵敏，说明二者具有密切的水力联系；而下层水体却与降雨量关系不紧密，变化不大，说明水力联系较差。上下层水位在枯水期一般相差4～6m，而丰水期可达10～14m。如1981年7—10月，由于降雨使上层水位迅速抬升，而下层水位变化不大，二者水位差可达10～12m，并且这一水位差保持了4个月之久。由此说明上下水体水力联系差，黏土层隔水性能良好，而含水层本身却具有良好的连通性。

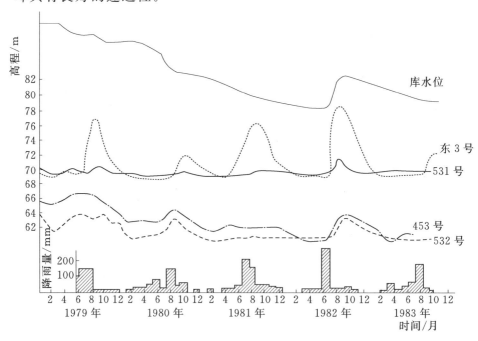

图1-4　观测孔水位历时曲线

34

3．抽水试验水位观测资料分析

抽水分段进行。在抽上层砂砾石水时，下层砂砾厂的水位不发生变化。抽下层水时，上层的水位不发生变化。图 1-5 是库尾抽水试验上下层水位历时曲线。此时，下层水位在抽水过程中下降回升，而上层水位不发生任何变化。这也说明了黏性土层具有良好的隔水性，且必然在相当大的范围内是连续分布的。

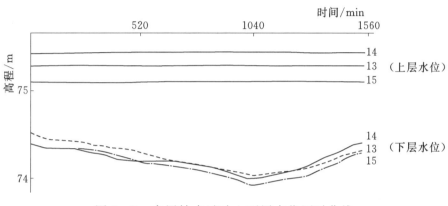

图 1-5　库尾抽水试验上下层水位历时曲线

## 3　十三陵盆地黏土层的成因与分布模式

据有关资料，该区第四纪以来地壳活动频繁。从盆地内第四纪沉积物分析，区内地壳至少发生过两次大幅度的升降运动（图 1-6）。

第四纪早期，燕山山脉受挤压上升，此时降雨充足，河流下切侵蚀，同时形成了大宫门与东沙河两个河道。但由于东沙河道下游有影壁山阻挡，河道狭窄水流不畅，使上游水流主要沿大宫门河道流向下游，因此该处下切侵蚀深度较大（图 1-6①）。

以后地壳下降，两条河道均接受了较厚的冲积砂砾石沉积，最大厚度可近 100m（图 1-6②）。在地壳继续下降过程中，上游水量增加，在冲积砂砾石层又覆盖了一层洪积物（图 1-6③）。

然后燕山山脉受挤压，地壳又上升，河流开始下切侵蚀。两条河道的洪积层均被切穿形成洪积台地（图 1-6④）。由于此时雨量

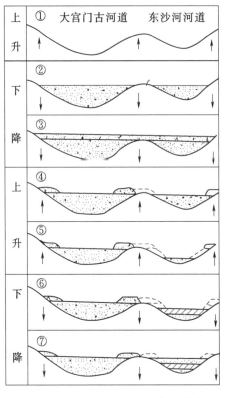

图 1-6 十三陵盆地地壳升降与
黏土层形成过程示意图

较少，上游来水以德胜口沟为主，且该沟来水沿直线仅在东沙河道流动，并逐渐下切侵蚀。在河道较窄处（半壁山下游）原有的洪积层和冲积砂砾石层均被冲蚀掉，而河道较宽处（半壁山上游）保留了部分洪积层和冲积砂砾石层。此时段内，大宫门河道被废弃成为古河道（图 1-6⑤）。

之后地壳又转入下降阶段，上游水量仍较小且水流平缓，在东沙河道沉积了一厚约 20m 的黏土层（图 1-6⑥）。以后地壳继续下降且上游水量增大，黏土层之上又沉积了冲积砂砾石层（图 1-6⑦）。此时基本形成了目前盆地内的各沉积层及目前地貌形态。

在上述升降过程中，也必然有一些小的升降旋回或平缓期，形成了局部夹层或局部下切。

根据上述分析可得出如下结论：十三陵盆地内黏土层是河流相冲积物，且是在平缓均匀水流中形成的。此种水流条件形成的冲积层，不可能在河道的局部形成"天窗"沟通厚约 20m 的黏土层。

据此，可以对十三陵盆地内的黏土层的分布给出如下模式：

黏土层只分布于东沙河河道中，大宫门处无此层。在沿东沙河道方向的纵剖面上，黏土层呈一透镜状分布于上下砂砾石层之间，在库盆中心（胡庄附近）到大坝范围内。

黏土层普遍存在且连续，而上游靠近山前处黏土层厚度渐薄，平面上也变成锯齿状。另一方面黏土层顶板的分布高程自上游至下

游渐低，在十三陵水库大坝防渗墙做好之后形成了一个不透水的
"黏土盆"（图 1-7）。

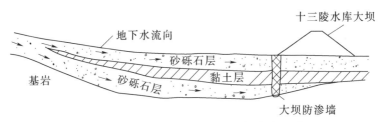

图 1-7 十三陵盆地黏土层分布模式示意图

## 4 结语

（1）通过河床内的钻孔资料、物探资料和水文观测资料，证明了
河床内黏土层在库盆范围内是普遍存在且连续的，其厚度在 20m 左右。

（2）由于盆地内冲积物是在同一水力条件下形成的，因此黏土
层不可能产生"天窗"沟通上下水体而产生渗漏。

（3）由于黏土层在库盆内是连续的，透水性弱，因此在半壁山
附近利用黏土层做悬挂式防渗墙（即防渗墙只打至黏土层内）是可
行的，可保证抽水蓄能电站的正常运行。

补记：经过多方反复论证，1991 年十三陵抽水蓄能电站下库库
尾防渗墙位置最后确定在大宝山至蟒山一线，基本靠近图 1-1 中的
Ⅱ线方案。防渗墙利用了河道中部的黏土层作为防渗墙下界，并已
施工建成。经过 4 年多的运行，证明防渗墙和黏土层防渗性能良好，
保证了电站的正常运行。

## 参 考 文 献

[1] P. B. 阿特韦尔，I. W. 法默. 工程地质学原理 [M]. 北京：中国建筑工
业出版社，1982.
[2] 张寿全，黄巍，王思敬，等. 水文地质结构系统的基本原理及其应用
[J]. 地质科学，1992（增刊）：354-360.

# 第二回

## 绝地逢生，闹市之中寻净土

### ——十三陵抽水蓄能电站地下厂房位置的选择

诗曰：

天寿山下气象隆，龙虎双护十三陵。宫门兀立巨牌坊，神道雄踞众象生。

金丝楠木棱恩殿，锦袍绣冠万历宫。自古帝王多豪奢，黄泉路上有大塚。

这首七律是李隆庆先生所作的《咏十三陵》，道的是明十三陵背依天寿山，面对温榆河，左为龙山，右为虎山，风水上颇具皇家气势，帝王们即使在死后的黄泉路上也有与常人不同的高陵大塚。但另一位网名唤做千秋基业的先生所作的一首七律，言词间却道出世间的沧桑，人事的凄凉。

十三陵抽水蓄能
电站地下厂房

天寿山下帝王墓，龙虎相对足千秋。人间但求称尊贵，天上未忘竞风流。今日温榆水长断，玉存骨抛一旦休。建文泉下如有知，可悔当年被迫游？

这首诗道的是十三陵的良好风水，帝王人间富贵，死后风流。但是今天陵前的温榆河已常断流，十三陵风水不再，定陵也已在20世

50 年代被挖掘，那些枉想长寿千秋的帝王尸骨已抛撒荒野，当年的建文帝被燕王朱棣赶跑，下落不明，也许倒免除了被后人惊扰的下场。

明王朝灭亡 300 多年以后，要在当年的皇陵附近修建一座抽水蓄能电站。电站的核心工程是修建一座规模巨大的地下厂房。一次，笔者陪同法国专家到十三陵考察，在参观定陵地下宫殿时，他对我说"这也是一个 POWER HOUSE"。地下厂房的英文为 POWER HOUSE，英文中 POWER 既有电力的意思，也有权力的意思。把帝王的地下宫殿和我们修建的地下厂房统称为 POWER HOUSE 确实有相通之处，二者都是产生巨大能量的中心。

地下厂房是抽水蓄能电站的心脏，地下厂房位置选取是否得当，对整个工程造价、安全运行都起着关键作用。

用数字描述地下厂房的大小有时难以让人想象。简单地说，它的内部空间可以放下几座人们常见的十五层高的大楼。这之间没有任何梁柱支撑，全靠岩石的自稳和衬砌支护。要想使这样大的一个地下空间达到稳定，地质条件的好坏至关重要。曾经带过一些非水电专业的人员参观十三陵电站地下厂房，参观者无不为地下厂房的规模之大而惊奇。

十三陵抽水蓄能电站位于北京市昌平区十三陵水库左岸。枢纽建筑物为由地下厂房、主变洞、交通洞、排风洞、引水发电洞等组成的地下洞室群。主厂房尺寸为 23m×145m×46.6m（宽×长×高）。地下厂房位置在勘测设计的不同阶段中进行了多次比选决策。

十三陵抽水蓄能电站从规划到施工历经 20 余年。十三陵抽水蓄能电站地下厂房位置的选取随着勘察工作的不断深入经历了多个阶段，提出过多个方案。随着时间的推移，从工作深度上说越来越深，从决策地域范围来说越来越小，决策结果越来越科学准确。表 2-0 概括了十三陵抽水蓄能电站地下厂房位置的选择过程。此处主要介绍第五阶段的厂房选择经过。从 1989 年开始，十三陵抽水蓄能电站开始了排风及勘探洞的开挖。此洞既是勘探洞，加大洞径后也可成为永久工程的排风及安全洞，同时也可作为今后大规模施工的

一个试验洞。但此洞开挖过程中，情况一直不好，不断发生塌方。那段时间，笔者和另外几个同事在工地值班，经常半夜三更被叫醒到工地处理情况。排风洞到达厂房以后，沿着原设计的厂房轴线方向开挖了厂房顶部的中导洞，结果更差。在中导洞中先后发现了 $f_1 - f_3 - f_9$、$f_{16} - f_{19}$ 和 $f_{30}$ 等一系列的断裂带，尤其是 $f_1 - f_3 - f_9$ 断裂带规模巨大，结构松散，工程地质性状很差。

表 2-0　　　　十三陵抽水蓄能电站厂房位置选择过程

| 层序 | 时间 | 工作阶段 | 选择范围 | 主要判据 | 判据要点 | 决策结果 |
|---|---|---|---|---|---|---|
| 第一阶段 | | | | 电网要求 | 电网是否需要蓄能电站 | 电站选点 |
| 第二阶段 | 1974年 | 规划选点 | 华北地区<1000km | 地理位置 | 地理位置是否靠近负荷中心 | 十三陵电站 |
| | | | | 自然条件 | 地形、水源、地质等条件是否适宜 | |
| 第三阶段 | 1985年 | 可行性 | 小于数千米 | 砾岩方案 | 大断层对厂房布置的影响，断裂发育程度，岩石完整性，岩石强度、水文地质条件等 | 砾岩方案 |
| | | | | 安山岩方案 | | |
| | | | | 灰岩方案 | | |
| 第四阶段 | 1987年 | 初步设计 | <1000m | $F_1$断层 | 1. 避开三条控制性断层；<br>2. 各地质区内断裂构造发育程度；<br>3. 各区内岩石完整程度 | Ⅱ区方案 |
| | | | | $F_2$断层 | | |
| | | | | $F_{42}$断层 | | |
| 第五阶段 | 1991年 | 技术设计 | <180m | $f_1 - f_3 - f_9$、$f_{16} - f_{19}$、$f_{30}$ 断裂带 | 1. 使厂房尽量少地穿过各断裂带；<br>2. 断裂带对厂房各部位稳定影响；<br>3. 厂房各段围岩稳定分类 | C方案 |

　　当时负责十三陵工程排风洞及地下厂房施工的是中国水利水电第六工程局，工程局的师傅们都身经百战，极有施工经验。师傅们对笔者说："我们干过很多工程，什么样的地层我们都经历过，十三陵工程已经打了这么长的洞子，仍然见不到好岩石，现在可以告诉你，在十三陵工程中不可能有一块好岩体做地下厂房了。"

对设计单位来说，所有的设计者也都在关注着十三陵地质情况。在那一年多的时间里，设计院隔三差五就要召开一次技术讨论会，每次会议都争论得相当激烈。笔者作为该工程地质技术负责人，也是一有新的资料，马上向有关领导、总工、设总等汇报。

当时提出了三个方案进行比选，即：

（1）A方案：原初设厂房方案。

（2）B方案：沿原初设厂房轴线东移120m方案。

（3）C方案：沿原厂房轴线东移135m、南移30m，轴线向东南偏转15°方案。

到了中导洞开挖完以后，人们仍然分成两大派。

一派以几位水工结构设计专业的技术人员为代表，认为十三陵工程已做了这么多的勘探工作，不可能找到一块较为完整的地质体了，如果要改变目前厂房的位置，寻找一个完整的地质体，要补充做大量勘探工作。同时如要移动厂房修改设计，整个工程布置都要重来，这样会消耗更多的资金，拖延工期。他们认为现在的技术任何工程地质问题都可以解决，厂房开挖中遇到什么样的问题作出相应的支护处理就可以了。因此他们主张采用A方案。

另一派以地质专业为代表，笔者是几名积极支持者之一。我们认为地下厂房的位置应该在原设计位置上作适当调整，坚信在现在厂房位置附近会有一个良好的地质体，工程地质条件的改善会极大地降低施工难度和工程造价，也使工程建设更加安全。因此我们主张采用C方案。

B方案是介于A、C方案之间的一个折中方案。

我们的推断并不是毫无根据，因为根据已有的勘探资料，在地下厂房区越靠近东侧工程地质条件越好。另外根据已掌握的地质资料的分析可知，该区断裂的分布具有波状规律，隔一定间隔就发育几条断层，断层的规模自西向东越来越小，断层的间距却越来越大。所以尽管在C方案所处地区还没有勘探资料，但是我们坚信在那一地区工程地质条件一定比较好。

两派态度分明，谁也不肯让步，最后写成的报告中地质部分推

荐C方案，水工部分推荐A方案，报告总体结论推荐A方案。这种结果的出现是极不正常的，作为一个完整的报告，一般来说地质和水工的结论应是相符的。

最后的决策交由上级审查单位——原水利电力部规划设计总院。

审查会在北京昌平一家宾馆举行。按照惯例，大会首先由设计总工程师和地质专业负责人汇报，笔者是地质专业汇报人。汇报之中仍然是各说各的话，各唱各的调。

汇报结束后，开始分组讨论。笔者所在组的负责人是时任水利水电规划设计总院设计处处长聂容亮。刚一开会，聂处长就说："汇报听过了，报告也看过了，但是地质推荐C方案，而报告总结论推荐A方案。这是为什么？"

当时会议的气氛很紧张，笔者担心在会上抢先发言会激起一些矛盾，所以坐在那里默不作声。过了一会儿，聂处长见无人发言，就问："这会上有地质专业的人吗？"其实我刚刚作过大会汇报，聂处长不会不认识我。笔者只好发言。

笔者又简单叙述了一下厂区的地质条件和三个方案的优劣。最后说："从地质专业的角度来说，我们认为C方案是最优方案。但是厂房位置的选择要多专业共同比选，至于为什么报告总结论推荐A方案，这需要其他专业来解释了。"

之后开始自由讨论。讨论的过程中会议始终有一种特别紧张的气氛。

到大会结束时，终于确定了十三陵抽水蓄能电站地下厂房位置选择C方案，就是我们地质专业推荐的方案，一年多的争论终于有了结果。这下使我们感到分外高兴，主张A方案的人员也因此显得有些沮丧。

审查会后，开始了地下厂房的开挖。实际开挖结果正如我们所料，C区的工程地质条件极好，岩体绝大部分为较好的Ⅱ类围岩，断层发育数量少、规模小。整个洞室几乎没用大规模的衬砌就开挖成功。负责施工的工程局的师傅们感到十分意外，对我们说能在这样的地质环境中找到这么好的一块地质体真是不易。各级领导对此也给予了高度评价。

十三陵工程选厂过后不久，笔者即被调往西藏工作，负责西藏那曲地区查龙水电站初步设计阶段的勘测工作。查龙水电站地处高原，工作之艰苦自不待言。在工程地质方面也存在着单薄小山梁的稳定与利用问题、坝基缓倾角问题、坝肩边坡稳定问题等。特别是单薄小山梁的稳定与利用问题，在现场工作中，笔者又与来现场检查指导工作的领导产生了分歧，把领导气得脸都紫了。

欲知后事如何，且听下回分解。

# 十三陵抽水蓄能电站地下厂房位置的选择*

**【摘　要】** 十三陵抽水蓄能电站是以地下厂房为中心的大型水电工程。厂房位置的选取不论是在施工条件上，还是经济造价上，都是该工程最重要的问题之一。本文从厂房选取控制性因素——厂区断裂特征的分析入手，进而依据各种物理力学指标对厂区洞室围岩进行了分类，同时分析评价了各种地质条件下的洞室围岩稳定性。最后对厂房三种布置方案的工程地质条件进行了分析对比，得出第三方案是该工程地下厂房最佳位置的结论。

**【关键词】** 地下厂房　围岩稳定　厂址选择

十三陵抽水蓄能电站厂房位于北京市昌平区十三陵水库左岸，枢纽建筑物为地下厂房、主变洞、尾水闸门廊道、母线洞等组成的地下洞室群，主厂房尺寸为 20.7m×160m×46.5m（宽×长×高）。该处围岩为复成分砾岩，埋深约 280m。

在初步设计及以前的设计阶段中，选定的厂房位置如图 2-1 所示。初设以后，沿原厂房轴线方向进行了厂房顶拱中导洞的开挖，发现原设计方案的厂房西段发育有规模较大的 $f_1$、$f_3$、$f_9$ 等断层，岩体破碎，围岩稳定性很差。6m 洞径的导洞开挖时就发生了多次塌方，这给今后大跨度厂房开挖带来了很大困难。因此决定延长中导洞进一步选择厂房位置。中导洞共开挖 361m，根据中导洞所揭示的地质条件，进行了多种厂房位置方案的研究，并对各厂房方案的工程地质优缺点进行综合分析与对比评价。

---

\* 此文发表在《工程地质学报》，1999 年第 6 卷第 2 期，99-104 页。

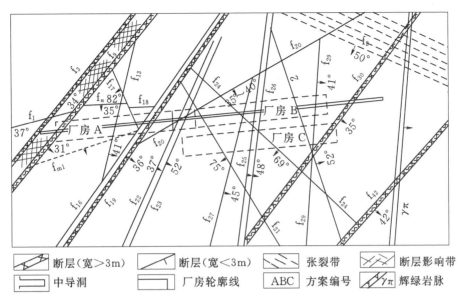

图 2-1　十三陵抽水蓄能电站厂房顶拱（65m）平面地质简图

# 1　厂区断裂的构造特征

厂房区地层为侏罗系中统髫髻山组复成分砾岩（$J_{2-3}$），紫红或紫灰色，巨厚层，胶结物多为钙质或黏土质。经过成岩及变质作用后轻微变质、胶结良好，岩体完整性较好，强度较高。

多次勘探资料表明，影响厂房位置的主要因素是厂区断裂构造的分布。据初步设计资料，在厂房区附近，西侧为 $F_4$ 断层（即灰岩与砾岩之间的不整合接触带）。东侧为 $F_{42}$ 断层，北侧为 $f_2$ 断裂带。这几条断层控制了厂房位置选择的边界，厂房即在这几条断层之间选择。中导洞开挖以后，证明这一结论是基本正确的。

在中导洞开挖过程中，共揭露大小断层 28 条，其中对厂房开挖稳定有较大影响的有 20 条（表 2-1）。根据断层走向可以分为 4 组（图 2-2 和表 2-1）。各组断层特征如下。

（1）NE 组断层（走向 NE30°～45°）。此组断层在厂区最为发育，规模较大，且数条集中成带分布。在厂区共有 $f_1 - f_3 - f_9$、$f_{16} -$

45

$f_{19}$ 和 $f_{30}$ 三个断层带。此组断层顺层发育。其产状为 NE30°～45°/SE∠30°～40°，破碎带宽度为 0.6～4.0m，个别较大或略小，断层泥，充填物均不胶结，挤压紧密。此组断层一般在下盘裂隙发育，岩体破碎。部分地段（如 $f_9$ 断层下盘）岩石已形成片状劈理，完整性极差。此组断层是影响厂房稳定的主要构造。

表 2-1　　　　　　　厂区中导洞断层分组统计表

| 组别 | 断层性质 | 断层编号 | 断层产状 | | | 破碎带宽度/m | 影响带宽度/m | 断层组成物质及性状描述 |
|---|---|---|---|---|---|---|---|---|
| | | | 走向/(°) | 倾向 | 倾角/(°) | | | |
| 北东组 30°～40° | 压性或压扭性 | $f_3$ | 40 | SE | 34 | 0.6 | 3～5 | 带内充填糜棱岩、角砾岩及灰白色断层泥，未胶结。下盘岩石破碎，断面光滑，有水渗出 |
| | | $f_9$ | 40 | SE | 31 | 3～4 | 3～10 | 断层带充填灰白色断层泥、糜棱岩、碎裂岩，断层挤压紧密，断面光滑 |
| | | $f_{16}$ | 35 | SE | 36 | 0.1～0.5 | | 断层带充填碎裂岩、糜棱岩，上盘面有棕红色断层泥，断面平直光滑 |
| | | $f_{19}$ | 35 | SE | 36 | 2～3 | 3～4 | 断层带充填灰白色断层泥、糜棱岩，未胶结，上盘岩体完整，下盘岩体破碎，断面光滑 |
| | | $f_{30}$ | 37 | SE | 35 | 0.2～1.2 | 0～1.5 | 断层带充填断层泥、糜棱岩、角砾岩，未胶结，下盘岩体破碎 |
| | | $f_{m2}$ | 30 | SE | 28 | 1.5 | | 断层带充填角砾岩、糜棱岩、碎裂岩，夹少量泥 |
| | | $F_{42}$ | 43 | SE | 42 | 2～5 | 2～3 | 断层带充填断层泥、角砾岩、碎裂岩，断面较平直 |
| 北东东组 60°～80° | 压扭性为主 | $f_1$ | 74 | SE | 37 | 0.5～0.6 | 0.3 | 断层带充填棕红色断层泥、糜棱岩、碎裂岩，未胶结 |

续表

| 组别 | 断层性质 | 断层编号 | 断层产状 | | | 破碎带宽度/m | 影响带宽度/m | 断层组成物质及性状描述 |
|---|---|---|---|---|---|---|---|---|
| | | | 走向/(°) | 倾向 | 倾角/(°) | | | |
| 北东东组 60°~80° | 压扭性为主 | $f_{18}$ | 85 | SE | 35 | 0.2~0.5 | 2~3 | 带内充填灰白色断层泥、糜棱岩和碎裂岩，下盘岩体破碎，上盘相对完整，渗水，流泥浆 |
| | | $f_{20}$ | 60 | SE | 35~46 | 1~1.5 | 1~3 | 充填糜棱岩、角砾及碎裂岩，夹1~2cm断层泥，未胶结，上盘岩体完整，渗水，泥浆流淌 |
| | | $f_{m1}$ | 70 | SE | 35 | 2 | | 断层带充填断层泥、糜棱岩和角砾岩 |
| 北北东组 0°~25° | 压扭性及压性 | $f_{13}$ | 12 | SE | 41 | 0~0.03 | | 断层宽度不一，局部充填泥膜和红色粉泥，断面平直光滑 |
| | | $f_{23}$ | 25 | SE | 52 | 0.02~0.05 | | 断面较平直，张开宽度较小，充填1cm厚石英脉 |
| | | $f_{25}$ | 5 | SE | 48 | 0.2 | | 断层带主要由断层泥和角砾岩组成，断面平直 |
| | | $f_{26}$ | 5 | SE | 48 | 0.05~0.10 | | 断层带充填1~2cm紫红色、灰白色断层泥和碎裂岩，断面平直光滑 |
| | | $f_{27}$ | 10 | SE | 45 | 0.05 | | 断层带充填紫红色、灰白色断层泥和碎裂岩，断面平直光滑 |
| | | $f_{28}$ | 355 | NE | 52 | 0.01~0.02 | | 断层带主要由断层泥和糜棱岩组成，断面呈锯齿状 |
| | | $f_{29}$ | 5 | SE | 41 | 0.07 | | 断层带主要由糜棱岩组成，断面平直光滑 |
| | | $f_{22}$ | 25 | SE | 37 | 0.5~1.0 | | 断层带充填0.5cm棕红色断层泥和碎裂岩，断面较平直 |

续表

| 组别 | 断层性质 | 断层编号 | 断层产状 | | | 破碎带宽度/m | 影响带宽度/m | 断层组成物质及性状描述 |
|---|---|---|---|---|---|---|---|---|
| | | | 走向/(°) | 倾向 | 倾角/(°) | | | |
| 北西组 290°~330° | 张性或张扭 | $f_2$ | 290 | SW | 80 | 40 | | 由多条张性裂隙及小断层组成，裂隙张开 3~10cm，充填红色断层泥，带内地下水丰富 |
| | | $f_{15}$ | 290 | SW | 70 | 0.02~0.03 | | 断裂面主要由碎裂岩组成，断层连续性差，断面平直 |
| | | $f_{19}$ | 332 | SW | 82 | 0.05~0.40 | | 断层带充填碎裂岩、糜棱岩，上盘面有 1~2cm 断层泥，断面平直光滑 |
| | | $f_{21}$ | 330 | SW | 75 | 0.5~0.2 | | 断层带主要由碎裂岩和糜棱岩组成，断面弯曲粗糙，张开宽度不一 |
| | | $f_n$ | 315 | SW | 69 | 0.04~0.05 | | 断层带主要由断层泥和糜棱岩组成，断面平直 |

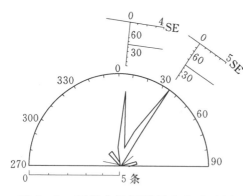

图 2-2　厂房中导洞断层走向玫瑰图

（2）NEE 组断层（走向 NE60°~80°）。此组断层在中导洞内出露数量不多，但对厂房稳定的影响较大，其产状为 NE60°~85°/SE∠35°，断层破碎带宽度 0.2~1.5m 不等。断层带内主要充填有棕红色断层泥，质软、遇水成红色泥浆、摩擦系数很低。部分地段也充填有少量糜棱岩、角砾岩。两盘影响带不甚发育。由于此组断层与厂房轴线的交角较小（0°~25°）。倾角也小，所以其对厂房顶拱和此边墙的稳定影响较大。中导洞内有 $f_1$、$f_{18}$、$f_{20}$ 三条断层。按断层形成机制分析，此组断层可能为上述 NE 组断层形成过程中的次级断层，分布在两条较大的 NE 组断层之间，呈斜列状，由此可以推测，在厂房深部开挖过程中，还可能发现此组断层，从而进一步影响厂房北边墙的稳定。

（3）NNE 组断层（走向 NE0°～25°）。此组断层在厂区虽然出露较多，但规模不大。其产状为 NE0°～25°/SE ∠37°～52°。断层破碎带宽度较小，一般小于 0.1m，破碎带内主要为糜棱岩、角砾岩和碎裂岩，上下盘影响带均不明显。此组断层单条对厂房影响不大，但其与其他断裂组合后可能形成局部不稳定块体，造成局部失稳。

（4）NW 组断层（走向 NW290°～330°）。此组断层在厂区不甚发育，断层规模也较小。产状为 NW290°～330°/SW ∠70°～80°，破碎带宽度 0.02～0.8m 不等，带内主要为碎裂岩和糜棱岩。少量含泥，影响带不明显，倾角较大，沿断层渗涌水较严重。

在长达 360m 余的中导洞内，除断层附近裂隙较发育外，其余洞段裂隙不发育。全洞共出露较大的裂隙（长度大于 5m）200 余条，但裂隙产状较分散，在某一个方向上并不具有明显的优势，因此裂隙的发育程度与方向对厂房轴线与位置的选择不起决定性作用。

## 2　厂区围岩分类及洞室稳定分析

根据中导洞所揭露的地层岩性特征、断裂分布特征、岩体完整性、地下水分布规律以及弹性波测试结果与围岩收敛变形结果，对中导洞进行工程地质分类（国标），中导洞大致可以分为 6 段（表 2-2）。同时根据中导洞围岩的分类结果，对地下厂房及主变室的顶拱与上下游边墙也进行了围岩类型划分（表 2-3）。

厂房及其他洞室开挖后的围岩稳定性，主要划分为两种类型：一是由于规模较大的断层带本身岩体破碎、结构松散而产生的散落

表2-2　　　　　　　　　　　　　中导洞围岩分类表

| 段号 | 1 | 2 | 3 | 4 | 5 | 6 |
|---|---|---|---|---|---|---|
| 桩号 | 0+000~0+050 | 0+050~0+110 | 0+110~0+150 | 0+150~0+190 | 0+190~0+340 | 0+340~0+360 |
| 段长/m | 50 | 60 | 40 | 50 | 150 | 20 |
| 断层分布 | $f_1$、$f_3$、$f_9$三条大断层及数条小断层通过 | $f_{13}$及数条小断层通过 | $f_{16}$、$f_{17}$、$f_{18}$、$f_{19}$四条断层通过 | $f_{20}$、$f_{21}$、$f_{22}$、$f_{23}$四条断层层通过 | $f_{24}$、$f_{25}$、$f_{26}$、$f_{27}$、$f_{28}$、$f_{29}$六条断层通过 | $f_{30}$断层通过 |
| 断层密度/(条/m) | 0.16 | 0.08 | 0.10 | 0.10 | 0.04 | 0.05 |
| 围岩特征 | | 裂隙略发育，岩体较完整 | 裂隙发育，岩体破碎 | 北壁岩体破碎，其余较完整 | 裂隙不发育，岩体完整 | 裂隙发育，岩体破碎 |
| 弹性波速/(m/s) | 2100~3300 | 4800~5200 | 2500~4000 | 3300~4500 | 4000~6600 | |
| 完整系数 | 0.12~0.30 | 0.64~0.75 | 0.17~0.44 | 0.30~0.56 | 0.44~1.00 | |
| 准围岩强度/MPa | 12.8 | 38.2 | 17.4 | 24.4 | 42.9 | |
| 收敛变形/mm | 无观测断面，推测大于50 | 1个观测断面，最大值5.9 | 2个观测断面，最大值34.8~87.5 | 1个观测断面，最大值7.3 | 2个观测断面，最大值0.8 | 无观测断面，推测大于30 |
| 地下水出露 | 1个出水点，0.20l/m | 4个出水点，1.25l/m | 3个出水点，5.35l/m | 4个出水点，2.05l/m | 8个出水点，0.40l/m | |
| 稳定性评价 | 不稳定 | 基本稳定 | 稳定性很差 | 局部不稳定 | 稳定 | 稳定性很差 |
| 围岩分类 | IV-V | II-III | IV-V | III（局部IV-V） | II | IV-V |

表2-3　地下厂房各布置方案工程地质条件综合比较表

| 工程部位 | | 项目 | A：原初设方案 | B：东移120m方案 | C：东移135m再南移30m方案 | 优选方案 |
|---|---|---|---|---|---|---|
| 地下厂房 | 断层 | 总条数 | >11 | 12 | 11 | C |
| | | 北东组大断裂带 | 过 $f_1-f_3-f_9$、$f_{16}-f_{19}$ 断裂带 | 过 $f_{16}-f_{19}$ 断裂带 | 过 $f_{30}$ 断层 | C |
| | | 近轴向断层 | 过 $f_1$、$f_{18}$、$f_{20}$ 断层 | 过 $f_{20}$ 断层 | 过 $f_{20}$ 断层 | C |
| | 顶拱 | 北东组大断裂带 | 过 $f_1-f_3-f_9$、$f_{16}-f_{19}$ 断裂带 | 基本无 | 过 $f_{30}$ 断层 | B |
| | | 近轴向断层 | 过 $f_{18}$、$f_{20}$ 断层 | 过 $f_{20}$ 断层 | 无 | C |
| | | 围岩分类 | IV～V类围岩占53%，其余为III类 | IV类围岩占30%，少数为III类，其余为II类 | IV～V类围岩占15%，其余为II类 | C |
| | 边墙 | 北东组大断裂带 | 过 $f_1-f_3-f_9$、$f_{16}-f_{19}$ 断裂带 | 过 $f_{16}-f_{19}$ 断裂带 | 无 | C |

| 工程部位 | 项目 | | A：原初设方案 | B：东移120m方案 | C：东移135m再南移30m方案 | 优选方案 |
|---|---|---|---|---|---|---|
| 地下厂房 | 边墙 | 近轴向断层 | 过 $f_1$、$f_{18}$ 断层 | 过 $f_{20}$ 断层 | 过 $f_{20}$ 断层 | C |
| | | 围岩分类 | Ⅳ-Ⅴ类围岩占比>50%，其余为Ⅲ类 | Ⅳ-Ⅴ类围岩占40%，Ⅲ类占50% | 大部分为Ⅱ类围岩，Ⅳ-Ⅴ类占10% | C |
| | 围岩稳定性评价 | | 边墙顶拱50%以上洞段均属不稳定岩体 | 顶拱30%、边墙40%洞段为稳定差岩体 | 顶拱20%洞段不稳定，边墙稳定性好 | C |
| 主变室 | 切割大断裂 | | 过 $f_{16}$ - $f_{19}$ 断裂带，过 $f_{20}$ 断层 | 东端被 $f_{30}$ 切一角 | 过 $f_{3C}$ 断层 | B |
| | 围岩分类 | | Ⅳ-Ⅴ类围岩占35%，Ⅲ类占40%，Ⅱ类占25% | Ⅳ-Ⅴ类围岩占10%，其余为Ⅱ类 | Ⅳ-Ⅴ类围岩占20%，其余为Ⅱ类 | B |
| | 围岩稳定评价 | | 35%洞段为不稳定岩体，稳定性差 | 东端顶拱稳定性差，其余较好 | 洞室中段稳定差，其余较好 | B |
| 方案比较 | | | 很差 | 一般 | 较好 | C |

式塌方；二是小规模断裂组合交切后，形成不稳定块体而产生局部块体失稳。

在厂房的开挖过程中，可能产生散落式塌方的洞段部位主要有 $f_1 - f_3 - f_9$ 断层带、$f_{16} - f_{19}$ 断层带和 $f_{30}$ 断层带。这三个断层带规模较宽，破碎带内为未胶结构的糜棱岩、角砾岩，结构松散。断层之间影响带裂隙或劈理发育，岩体完整性差，所以在洞室开挖后必将产生散落式塌方。这种塌方一般方量较大。从三个断层带的发育规模看，$f_1 - f_3 - f_9$ 断层比 $f_{16} - f_{19}$ 断层规模大，而 $f_{16} - f_{19}$ 断层带比 $f_{30}$ 断层带规模大。工程地质条件也依次好转。这可能是距灰岩与砾岩接触带越来越远的缘故。

由于厂房位置选择的不同，散落式塌方段的位置也不同，失稳位置包括厂房顶拱、南北边墙、西端墙等几个部位。且由于断层带倾角较小，一旦厂房或其他洞室揭露出某断层带，必将有大范围的区段受影响，也给洞室开挖与支护带来了很大困难。因此厂房位置的选择应以尽量避开上述断裂带。

厂房及其他洞室开挖后由于断裂组合所产生的块体式失稳主要是近轴向断层与裂隙组合的块体失稳。厂区内发育的与厂房轴线近于平行的 $f_1$、$f_{18}$、$f_{20}$ 一组断层，其产状一般为 NE60°～85°/SE ∠35°。与厂轴交角仅 0°～25°。且断层内充填有棕色断层泥，摩擦系数极低（估计 $f \leqslant 0.2$）。在此组断层与其他裂隙交切组合形成分离块体后，将产生滑动，影响厂房顶拱及此边墙的稳定。其他形式断裂组合形成的块体失稳对厂房稳定影响较小。

## 3　各厂房方案工程地质条件评价与对比

中导洞开挖以后，对厂房位置的选择进行了深入细致的分析研究，提出了多种厂房方案，各方案均具有各自的优点与缺陷。经过各种方案的分析比选，选定下述三种方案做进一步研究和比较，即：①原初设厂房方案（A 方案）；②沿原初设厂房轴线东移 120m

方案（B方案）；③沿原初设厂房轴线东移135m再南移30m，轴线向东南偏转15°方案（C方案）。

根据工程地质条件分析，影响厂房洞室稳定的主要因素是$f_1-f_3-f_9$、$f_{16}-f_{19}$及$f_{30}$三个NE向断层或断裂带。几条断裂带与各方案顶拱边墙的相互关系见表2-3。从表2-3可以看出：

（1）原初设厂房方案（A方案）。不论是顶拱还是边墙均有较多断层出露，Ⅳ-Ⅴ类围岩占50%以上，顶拱、边墙的稳定性均较差。主变洞也有较多的断层切过，稳定性也不好。因此此方案工程地质条件最差。

（2）沿原初设厂房轴线东移120m方案（B方案）。在顶拱基本避开了几条NE向大断层带的影响。但有$f_{20}$近厂轴向缓倾角断层在顶拱切过，影响顶拱西部50m的稳定。边墙有$f_{16}\sim f_{19}$断层带及$f_{20}$切过，部分地段边墙稳定性较差，但此方案主变室基本无大断层通过，稳定性较好。此方案较前方案稳定条件有了较大的改善，工程地质条件一般。

（3）沿原初设厂房轴线东移135m再南移30m，轴线向东南偏转15°方案（C方案）。顶拱在东部30m有$f_{30}$通过，稳定性较差，其余顶拱段均在Ⅱ类围岩中，稳定性良好。边墙除北边墙有$f_{20}$通过外，无其他大断层通过。但因$f_{20}$切过边墙高程已较低，可能失稳范围很小。总的来看，此方案厂房工程地质条件良好，但不利的是主变室中部被$f_{30}$切过，稳定条件不及前方案。

综合比较认为，在上述三个方案中，A方案即原初设方案工程地质条件最差；B方案即东移120m方案工程地质条件有了较大改善，工程地质条件一般；C方案即东移135m再南移30m方案相对工程地质条件最好。

1992年，十三陵工程地下厂房按C方案开挖完毕，整个施工过程十分顺利，有关专家和施工单位一致认为：在十三陵这样一个复杂的地质环境中能选出这样一块好的地质体开挖地下厂房是非常成功的。

# 参 考 文 献

［1］　水利水电规划设计总院.水利水电工程地质手册［M］.北京：水利电力
　　　出版社，1985.

［2］　林宗元.岩土工程试验监测手册［M］.沈阳：辽宁科学技术出版社，
　　　1994.

第三回

# 人地和谐，天然山体成大坝

## ——西藏查龙水电站小山梁的稳定问题

歌曰：

月儿弯弯星儿明，悠悠河水诉衷情。茫茫草原沉沉夜呀，那曲人民盼光明。

酥油灯哟昏朦朦，转经摇摇伴梦中。漫漫长夜难熬过呀，那曲人民盼光明。

月儿弯弯星儿明，滔滔河水浪奔腾。世界屋脊建电站呀，那曲人民盼光明。

列位看官，这首歌是笔者在1991年完成西藏查龙水电站初步设计阶段勘察任务后，执导的一部电视工程片《世界屋脊第一坝》中的插曲。片中描述了西藏那曲地区缺少电力，盼望建设电站的急迫心情。

西藏，一片古老而又神秘的土地，这里群山连绵，雪山巍峨，草原辽阔，河湖密布，在这片土地上蕴藏着极其丰富的水力资源。在西藏北部奔腾着一条河流，名叫那曲。那曲，藏文的意思为黑色的河流，它发源自唐古拉山脉，流经藏北，汇入怒江。

在那曲河畔，有一藏北重镇，名叫那曲镇，为那曲地区首府所在地。它坐落在青藏公路边，为西藏一个重要的交通枢纽。祖国领土面积960多万 km²，而那曲一个地区就有40万 km²，约占全国领土面积的1/24。而就是这样一片辽阔的土地，直到1991年竟还是处于全境无电的状态，当时为全国唯一的无电地区。那时那曲唯一的供电电源是装机1400kW的柴油发电机。它每天从晚上8时到12时供电

西藏查龙水电站全景

4 个小时，成本高，耗资大，种种原因还经常不能保证正常供电。

　　虽然新中国的建立使西藏发生了翻天覆地的变化，但是由于没有电力，那曲的工业和加工业得不到发展。外贸公司的羊毛不能加工纺织，只能向外卖原材料。丰富的矿石得不到冶炼，也只能将原矿石运到内地。全区唯一的一家工厂——卡垫厂实际上全部是手工作业。由于没有电力，那曲农牧业的发展也受到了很大的限制，那曲人民的生活水平也难以进一步提高，整个那曲还维持在一种较原始的手工业和游牧业的经济状态。

　　夜幕降临，闻名遐迩的那曲镇却没有都市的喧闹与色彩，甚至街道上没有一盏路灯。虽然富起来的藏族同胞有不少人家已购买了彩电、收录机，但是由于没有电力，这些仅有的电器难以正常使用。家家只有盏盏昏暗的电灯、油灯或蜡烛。小店点起了汽灯，而在镇区之外的农区、牧区，家家还点着那盏使用了千百年的酥油灯。

　　那曲河水就这样昼夜不息的流去了，其蕴藏的丰富能量没能为

藏北人民造福。那曲人民盼发展，那曲人民盼繁荣，那曲人民盼四化，那曲人民盼光明。

1991年3月，原电力工业部北京勘测设计研究院开始了规模浩大的初步设计阶段的勘察设计工作，使查龙水电站的开发进入了一个崭新的阶段。那曲河水将不会再白白地流走，将让它为藏北那曲人民造福。在这号称世界屋脊的青藏高原上将建起一座当时世界上所处海拔最高的电站，堪称世界屋脊第一坝。笔者当时任这支勘察设计队伍的现场负责人。

为了进行查龙水电站初步设计阶段的勘察设计工作，原电力工业部北京勘测设计研究院先后近100人来到了西藏查龙工地。他们在高原缺氧的恶劣条件下，抗严寒，冒狂风，战冰雪，顶骄阳，跋山涉水，风餐露宿，隆隆的钻机24小时昼夜不停，完成了全部勘测任务。

那曲地方的党政领导和那曲人民为了查龙水电站的建设倾注了大量心血，给予了极大的帮助。地委行署专员土登才旺说："只要那曲人民能有了电，就是让我死了也心甘情愿。"副专员、工程指挥长唐敏和副专员杨晓度说："我们为西藏已经工作了十几年甚至几十年，但到今日我们还没有让那曲人民见到光明，我们于心有愧。"号称藏北好汉的工业局阿布局长以及水电局的扎西书记，在整个初步设计过程中，日夜奔忙，为工程跑建材，跑供应，为保证北京院勘察设计工作的顺利完成做好后勤保障。

从那曲到查龙要修建一条公路，那曲行署前后几次组织了几十个单位数千人参加义务劳动。专员们来了，干部们来了，工人们来了，战士们也来了。年逾六旬的老人们来了，十几岁的小学生们也来了。身强力壮的小伙子们来了，艺术团的姑娘们也来了。

那曲人民每一个人都在盼望着电，都在为电力的早日到来贡献着自己的一份力量。

电视片中的另一首插曲《查龙之歌》，描写了当时大家共同奋战的豪情壮志。

脚踏高原，头顶蓝天，豪情壮志满群山。

那曲水长，那曲水湍，我们要让那曲水为藏北作贡献。

不畏风雪，不畏严寒，高山缺氧只等闲。

不怕艰苦，不怕流汗，我们是藏北真正的男子汉。

开发电力，建设家园，美好生活在明天。

藏汉一心，团结奋斗，誓把那水电明珠镶上地球之巅。

这部电视片，在1992年初步设计审查期间，曾在那曲电视台反复播放，在西藏电视台也播过。在审查会上也给与会的专家播放过，得到了很好的评价。这部片子的后期制作是在中央电视台完成的，解说请了当时已很有名气后任北京音乐台台长也曾做过中央电视台主持人的张树荣。这部片子也曾联系过中央电视台播放，但考虑到当时项目还未上马就未能实现。

在查龙电站的勘察设计中，左岸小山梁的稳定是大家始终关心的问题。在那曲河坝址处一个凸出的小山梁伸向河心，使那曲河在此处几乎来了一个90°的大转弯。工程设计中拟利用小山梁作为坝体的一部分挡水，这样小山梁的稳定性就是一个必须论证的问题。为此我们在现场做了大量的工作。

在我们的外业工作即将结束的时候，设计院几位领导和专家到现场检查工作。检查过程中因为方案的调整要求我们再补充一些工作。我当时有些不快，要补充工作怎么不早点告诉我们啊。在西藏那艰苦的环境下，我们都已经离家快半年了，大家早已是归心似箭，都盼着能早点完成工作，早点回家，但是现在又泡汤了。那时年轻气盛，晚上我就对一位总工发了一通火。

第二天上午召开一个小型讨论会。设计院总工程师邱彬如对小山梁的稳定十分关心，要求我们地质专业谈一下意见。一位颇有些名望的老工程师说，要论证小山梁的稳定，首先要论证小山梁在自然状态下是否稳定。我昨天的气还没消，听了老工程师的意见后我说："小山梁在自然状态下是否稳定无需论述，因为小山梁在自然状态下已巍然屹立千百万年了。我们现在所要论述的是小山梁作为

坝体的一部分是否稳定。"之后,笔者谈了小山梁的基本地质条件和影响其稳定的几个因素,以及应该采取的工程措施。我的发言令那位老工程师非常恼火,坐在那边一言不发了。邱总后来要求他发表意见,他生气地说"刚才不是有人说小山梁的稳定不用论证了嘛,我还说什么!"笔者急忙检讨:"我说的,我说的。我是说自然状态下的稳定论述的必要性不大了。"

会间出来方便,碰见了那位老工程师,我再次致歉。老工程师教导我说:"你把话说得那么满干吗?给自己留些余地,让设计人员再去论证。"

"是,是,是。"我满口答应,但是我心里在想如果地质专业人员能够给出明确结论的问题,地质人员一定要明确表达自己的意见,承担相应的责任。否则要地质专业的人员干吗?以后多年我也一直遵循这一原则。

但是现在想起,我当时的做法也确实欠妥,总要对老同志更尊重一些。自己也可能太感情用事、意气用事了。还是嫩啊!

查龙水电站于1995年建成,小山梁作为坝体的一部分稳定性良好,该工程后来获得了全国优秀勘察二等奖、优秀设计一等奖。笔者所率领的勘察设计队伍获得电力工业部先进集体称号,笔者也因此在1993年1月获得北京市总工会颁发的爱国立功标兵。笔者回到北京后曾在全院作报告介绍我们在查龙的工作,获得了极好的反响,北京勘测设计研究院后将我们工作精神树为"查龙精神",号召全院向我们学习。

工程地质工作确实是一件非常有意思的工作,面对一个问题大家意见不统一,争得面红耳赤是常事,用一些非常尖刻的言辞也在所难免。实际上不仅仅是在水利水电工程中,在工民用建筑中也常常遇到类似问题。笔者从西藏回来不久,参加了北京一座大厦的地基降水工作,在方案讨论时又让几位号称专家的老先生下不来台。欲知详情,且听下回分解。

# 查龙水电站左岸山梁工程地质
# 特征及其稳定分析*

西藏查龙水电站拟建于怒江上游那曲河上，西距那曲地区行署所在地——那曲镇 30km。水库最大坝高 38.4m，电站装机容量为 1.08 万 kW。

查龙水电站初步设计阶段推荐的枢纽平面布置方案如图 3-1 所示。河床布置钢筋混凝土面板堆石坝，左岸山梁布置堆石副坝、溢洪道和混凝土副坝，泄洪放空隧洞布置于左岸山体，发电引水洞布置于左岸山梁中部，电站厂房布置于河床左岸，开关站布置于河床右侧。根据推荐的枢纽布置方案，左岸山梁成为枢纽挡水建筑物的一部分，但左岸山梁较为单薄，表层岩石风化较严重，岩性复杂并有多条断层切割。水库蓄水后，小山梁的水文工程地质条件又将有所改变。因此，小山梁在电站运行中其整体的稳定及局部边坡的稳定，将成为此方案成立的关键。

该课题在充分分析坝址区及左岸山梁工程地质特征的基础上，结合室内外岩石试验成果，综合分析后提出坝址区、左岸山梁岩体和断裂构造的物理力学指标，应用块体平衡理论，分析不稳定块体的稳定性，找出可能滑动面。利用平面弹塑性有限元程序，研究水库蓄水后及超载情况下典型断面上岩体的应力变化和位移情况。应用三维弹塑性有限元程序对左岸山梁进行整体稳定分析，分析山梁岩体破坏机制，得出岩体及断层的应力、位移分布，屈服区及点安全度。根据试验、计算分析的结果，参照国内外工程经验，提出了左岸山梁岩体的加固处理措施。

---

* 此文为笔者主持编写的《西藏查龙水电站左岸山梁稳定性分析专题研究报告》。

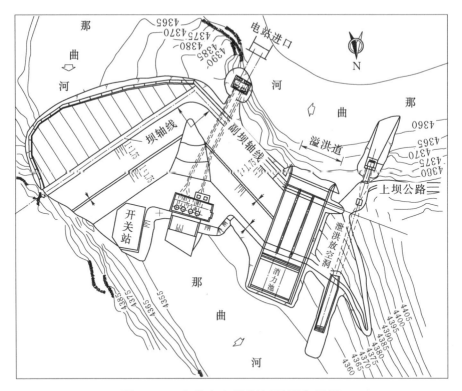

图 3-1 查龙水电站枢纽平面布置图

# 1 坝址区及左岸小山梁工程地质特征

## 1.1 地形特征

坝区河流流向为 NE50°转向 NW330°，平面上呈马蹄形，蹄心为一单薄山体（即小山梁）。枯水期河水位为 4353.00～4354.00m。

小山梁三面环水，西部与宽厚山体相接，相接处为垭口地形，垭口最低处高程为 4381.00m。小山梁总体走向为 NW290°，梁顶高程为 4382.00～4386.00m，顶宽一般为 10～20m，梁底宽 120～200m。山梁南侧迎水面主要为大于 50°的陡坡和近直立的陡壁，基岩裸露。靠近垭口部位有两小凹沟切割，山梁北侧，（背水面）坡度较平缓，一般为 20°～30°，上覆 2～4m 厚的冲坡积碎石土及砂砾石层。查龙水电站坝址区地质简图如图3-2所示。

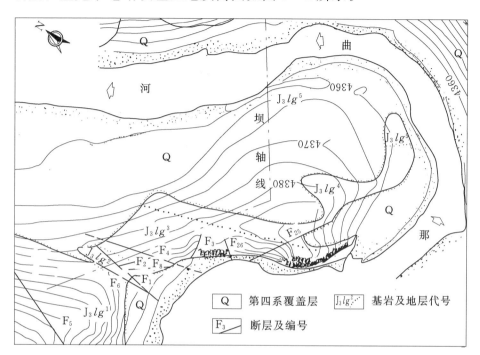

图3-2　查龙水电站坝址区地质简图

## 1.2　地层岩性

坝区出露基岩为侏罗系上统拉贡塘组地层（$J_3lg$），经变质作用形成一套砂板岩岩层，并夹有结晶灰岩、大理岩和石英岩透镜体。第四系松散堆积物在坝区也分布广泛。坝区地层特征见表3-1。

## 1.3　地质构造

坝区地层为单斜地层，因受构造影响及岩石的软弱差异性，岩层扭曲变形严重。总体走向为NW340°～NE20°/NE或SE∠50°～70°，即倾向右岸偏上游。坝区断裂构造发育，其中以NNE～NE组、NNW组和NW组最为发育，占断层总数的80%以上，但断层规模较小，一般宽度小于0.4m，延伸长度也较短，不大于60m。裂隙密集发育，以NW310°和NE40°左右者居多，缓倾角裂隙约占

19%，裂隙平均密度为 4～7 条/m，密集处形成破劈理带。

表 3-1　　　　　　　　　坝区地层特征表

| 地层 | 代号 | 地 质 描 述 | 层厚/m |
|---|---|---|---|
| 第四系 | $Q_4$ | 冲积、坡积、洪积、崩积物：砂砾石层、碎石及粉砂土、块石、碎石等 | 0～9 |
| 上侏罗统拉贡塘组 | $J_3lg^5$ | 深灰色粉砂质、硅质、泥质板岩，变晶结构，砂状构造，致密坚硬，泥硅质胶结，部分板岩含砾。层中含大量大体积的灰岩、大理岩透镜体及少量石英岩透镜体 | >300 |
| | $J_3lg^4$ | 深灰色粉砂质板岩，鳞片结构，似鲕状构造，致密坚硬，泥硅质胶结，岩体内含有黄褐色石英岩及结晶灰岩透镜体 | 70～100 |
| | $J_3lg^3$ | 深灰至灰黑色含砾泥质板岩，变晶结构，砂状构造，主要矿物成分为石英、黑云母、绢云母及泥炭质，层中央有少量灰岩透镜体 | 30 |
| | $J_3lg^2$ | 黑色炭质页岩，页理发育，质软易风化，层内含结晶灰岩、含砾板岩透镜体 | 26 |
| | $J_3lg^1$ | 深灰色粉砂质、硅质、泥质板岩，变晶结构，砂状构造，致密坚硬，少量为含砾板岩，层内含灰岩、大理岩透镜体 | >500 |

1. 断层

根据勘测资料，左岸小山梁上发现的断层共 16 条，其发育具有以下特征：

（1）断层以压性和压扭性为主，多为中陡倾角。

（2）断层多发育于板岩、页岩中，或顺灰岩、石英岩等透镜体边界展布，一般不穿过灰岩、石英岩。石英岩中仅见有 $F_{25}$ 断层规模较大，灰岩中断层也较小，个别沿灰岩内相对软弱层面发育。

（3）小山梁上断层延伸长度均较小，一般不超过 60m，断层带宽度也较小（<40cm），且沿倾向倾角变化较大，绝大部分无影响带或影响带较小。

（4）缓倾角断层在小山梁上共发现 8 条，其在空间展布上具有不均一性，产状变化较大，受岩性控制明显，或发育于板岩体中，或发育于灰岩透镜体与板岩的接触面上。除 $F_3$ 断层外其余缓倾角断层规模均较小，长度小于20m，宽度小于0.2m，部分仅1cm左右。

小山梁上以$F_3$、$F_5$、$F_6$断层规模较大，其发育特征如下：

1）$F_3$断层。$F_3$断层斜切小山梁腰部，其走向NE20°～40°，倾向NW，倾角23°～30°。断层带在地表出露处主要为挤压岩片、岩块、方解石脉，而$PD_2$平洞揭示主要为糜棱岩、岩屑和泥质物。$F_3$断层在小山梁南坡及$PD_2$平洞内出露明显，宽度20～100cm不等，面呈波状。在平洞内沿结晶灰岩透镜体与板岩接触面发育，至2J-3原位大剪试样处，一半为断层带，一半为灰岩。$F_3$断层由$PD_2$平洞口向梁脊延伸时，断层带渐变为缓倾角裂隙密集带或劈理带，宽度减小为25～40cm，至近坡顶处的TC7号探槽，已看不见$F_3$断层明显延伸至此的迹象，在$ZK_{12}$、$ZK_{24}$、$ZK_4$、$ZK_{21}$几个钻孔中虽有挤压带及小规模断层出现，但与$F_3$断层应出露位置不符。开挖竖井$SJ_3$、$SJ_4$所揭露的断层均不能与$F_3$断层连接。$F_3$断层延伸性不好。

2）$F_5$断层。$F_5$断层位于小山梁垭口西部山坡上，距垭口部位约80m，该处山体雄厚。

$PD_5$平洞垂直$F_5$断层布置，平洞成洞条件较好，全洞40m余未发生塌方，且洞中岩体相对完整，按洞室围岩分类可分为Ⅲb级。在洞中桩号0+40.5～0+41.5发现有一规模相对较大断层，破碎带宽0.6～1.0m，上盘影响带宽约2.0m，下盘影响带宽约3.0m。断层带以挤压紧密的断层泥、糜棱岩为主，部分为碎裂岩。影响带内裂隙密集发育。

位于断层附近的$ZK_{31}$、$ZK_{40}$两个钻孔内，除局部裂隙较发育外，大部分段岩芯比较完整，获得率可达55%以上，RQD可达30%以上，钻孔内未发现有断层。$SJ_6$竖井和$TC_5$号探槽内均未发现$F_5$断层延伸过去的迹象。

3）$F_6$断层。该断层顺层发育于垭口炭质页岩中，其产状为走向NE0～8°/E～SE∠61°。受岩性影响，断层带宽度变化较大（1～3.5m），主要由糜棱岩、断层泥、岩片和岩屑组成，并夹有灰岩、板岩团块。断层泥遇水膨胀，失水收缩严重。断层属压扭性软弱结

构面，挤压错动现象明显，镜面上见有斜擦痕。该断层向下游方向随页岩层插入结晶灰岩透镜体下，在$ZK_{30}$钻孔处推测此断层延伸至高程4317.00m以下。

除断层外，小山梁上顺层挤压带也较发育。由于岩性差异或岩层软硬相间，岩层在遭受挤压或剪切时，应力在相对软弱处集中，并使软岩层遭受破坏，挤压变形较大。同时由于软岩层抗风化能力弱，在地表往往形成全强风化带。

2. 裂隙

根据勘察结果小山梁上裂隙较发育，按产状可分为4组：

（1）NW组。走向NW290°～310°，倾向SW，少数倾向NE，倾角60°～90°。多闭合，裂隙面平直光滑，无充填或仅有硅质、钙质薄膜，少数为泥膜。延伸较短，一般为0.3～2.5m。裂隙密度一般为3～7条/m，局部发育为裂隙密集带。此组裂隙以扭性为主。

（2）NNE～NE组。走向NE20°～45°，倾向NW，倾角16°～60°。此组中缓倾角裂隙居多。裂隙为扭性结构面，多平直，个别粗糙或有台坎。裂面多闭合，无充填物，少量有钙膜或方解石细脉充填。此组裂隙延伸短，贯通性差，密度为3～7条/m。

（3）NEE组。走向NE75°～90°，倾向SE或NW，倾角60°～90°，少数为中倾角。此组裂隙仅在坝区局部发育，在灰岩、石英岩透镜体中多见，裂隙面平直，多闭合，表层微张，延伸短。

（4）NNW组。走向NW345°～355°，倾向NE，倾角45°～70°。此组裂隙以顺层面或板理面发育为特征，其在地表不甚发育，但钻孔中揭露较多，且受岩性控制各层中发育程度不一。此组裂隙属压扭性，面多平直、闭合，少量有钙膜、硅膜及绿泥石、绢云母等泥质矿物充填。

小山梁上的缓倾角裂隙以NE20°～45°/NW∠15°～30°产状为优势发育方向，即属前述第二组。缓倾角裂隙绝大部分为构造成因，属扭性结构面。裂隙多闭合，为硬性结构面，延伸短，贯通性差，无充填或为钙质、硅质薄膜、黄铁矿晶体，极少量见有灰绿色泥质薄膜，面较平直或较粗糙。从地表、竖井、平洞、探槽中的裂隙统

计资料看，缓倾角裂隙长度大于 3.0m 者少见，延伸长度一般为
0.3～2.5m。裂隙发育部位其间距为 10～20cm，局部仅有几厘米。

　　3. 结构面分级

　　小山梁中的断层裂隙，据其发育规律及其对山体稳定破坏的控
制作用，可分为两种结构面。

　　(1) Ⅰ级结构面。主要为分布于小山梁上规模较大的断层，如
$F_1$、$F_3$、$F_6$ 等。此种断层一般长几十米，宽 0.2～1.0m，最宽达
3.5m，为切割山体的主要结构面，它们之间相互组合交切或与Ⅱ级
结构面相互组合交切，构成了可能失稳的块体。

　　(2) Ⅱ级结构面。主要为岩体中的裂隙和层理面，此种结构面
多为硬性结构面，闭合无充填，部分卸荷张开，后期有泥质物充
填。延伸长度多在数米至十几米。其相互组合切割，破坏了边坡岩
体的完整性，可引起边坡的局部失稳。

## 1.4　风化特征

　　小山梁上岩体以物理风化为主。由于受岩性、地形和构造控
制，风化程度具有差异性。岩性抗风化能力由弱到强依次是：碳质
页岩→泥质板岩、粉砂质板岩→结晶灰岩→硅质板岩→石英岩。

　　小山梁上岩体风化较剧烈，全、强、弱等风化带齐全，据 11 个
小口径钻孔资料，其风化厚度统计资料见表 3－2。

表 3－2　　　　　　　左岸小山梁风化厚度统计表　　　　　单位：m

| 风化带厚度 | 全风化带 | 强风化带 | 弱风化带 |
| --- | --- | --- | --- |
| 最大 | 4.9 | 18.3 | 20 |
| 最小 | 0 | 0 | 6 |
| 一般 | 0～4.0 | 7～12 | 8～15 |

## 1.5　岩体渗透特征

　　小山梁上岩体除垭口段的页岩透水性较小〔一般单位吸水量仅
为 0.02L/(min·m·m) 左右〕外，其余段透水性较强，尤其是地

表岩体因风化卸荷裂隙发育等特征，渗透性较大，单位吸水量多为 $1\sim10L/(min\cdot m\cdot m)$。

小山梁上的断层为压扭性，充填物为糜棱岩、泥等，挤压紧密，透水性差，属微—极微透水层。而裂隙密集带处岩体透水性增强，$ZK_{12}$ 等钻孔的压水资料均有所显示。

# 2 小山梁上岩体、断层物理力学特征

## 2.1 小山梁上岩石（体）物理力学性质

在初步设计阶段的工作中，对小山梁上的岩石进行了室内物理力学试验，并在不同岩体中进行了野外原位剪切和变形试验。小山梁上岩体的力学具有以下特征。

（1）坚硬岩体——板岩、灰岩岩体力学性质。板岩岩性主要为粉砂质、硅质板岩，灰岩岩性为结晶灰岩、大理岩，均属坚硬岩石。其岩体的力学性质主要受裂隙、板理等结构面的控制。

（2）小山梁上软岩——页岩层物理力学性质。页岩中黏土矿物含量较高，主要为绢云母、绿泥石以及炭质等，经后期风化蚀变，部分转变为蒙脱石、伊利石、高岭石等。因此其为具有一定膨胀性的软岩，水的作用对其影响明显。同时因其受挤压揉皱较厉害，岩体完整性差，尤其 $F_6$ 断层的存在更降低了其力学强度。

## 2.2 小山梁上断层物理力学性质

### 1. 断层充填物的物理性质

对坝区几个断层内的充填物取样进行颗粒分析试验，结果表明，坝区断层充填物的不均匀系数（$d_{60}/d_{10}$）较大，约在 $250\sim800$，黏粒（$d<0.005mm$）含量一般在 $10\%$ 左右。一般为微含黏质土砂。受风化影响，$F_{15}$、$SJ_4$ 中断层充填物的粉黏粒含量高于 $F_3$ 断层。

将断层充填物进行化学分析，成果表明，断层充填物的主要化

学成分为 $SiO_2$、$Fe_2O_3$ 和 $Al_2O_3$，三者含量在 $80\%$ 以上，难溶盐含量较高，有机质含量一般小于 $1\%$。

将断层充填物及断层泥进行 X 射线衍射分析，其结果见表 3-3。由表 3-3 可知，断层泥的矿物成分主要为蒙脱石、高岭石、伊利石和绿泥石。其中尤以蒙脱石含量最高，因此断层泥的膨胀收缩明显。另外对粒径小于 $2\mu m$ 的黏土矿物进行专门矿物分析，蒙脱石含量可达 $70\%$ 左右。

根据断层充填物的室内物理性质试验结果，断层充填物粒径小于 $0.5mm$ 的颗粒塑性指数一般为 $18\sim25$，这主要是由于蒙脱石等黏土矿物含量较高。

表 3-3 查龙 $F_3$ 断层泥黏土矿物成分及其与葛洲坝
308 泥化层对比表

| 断　层 | <$2\mu m$ 的黏土矿物含量/% | | | |
|---|---|---|---|---|
| | 蒙脱石 | 高岭石 | 伊利石 | 绿泥石 |
| 查龙 $F_3$ 断层 | 71 | 18 | 1.8 | 9 |
| 葛洲坝 308 泥化层 | 45~58 | 18~38 | 0~5 | 0 |

2. 断层充填物的力学性质

根据断层充填物室内力学试验成果，在室内压密状态下，抗剪强度指标（快剪、饱和固结快剪）$\phi=25°\sim32°$（$f=0.46\sim0.62$），断层泥压缩系数 $a_{1-2}=0.1\sim0.43MPa^{-1}$，属中压缩性。其膨胀、收缩指标也较大，渗透系数为 $1\times10^{-5}cm/s$ 量级或更小。

根据小山梁上 $F_3$ 断层及其缓倾角裂隙野外原位大型剪切试验成果，$F_3$ 断层抗剪断摩擦系数在 $0.81$ 以上，$c$ 值较小，抗剪摩擦系数为 $0.29\sim0.51$。缓倾角裂隙摩擦系数在 $0.64$ 左右，$c$ 值在 $0.25$ 左右。

根据在 $PD_2$ 平洞内 $F_3$ 断层带上做的原位大型剪切试验结果，断层表现为塑性破坏，其在达到屈服强度后，又经过较大的变形之后才达到峰值。在受剪时初始变形较小，曲线较陡，这是由于断层中既有碎屑颗粒组成的骨架，又有粉黏粒充填其中，在达到屈服强

度后仍有部分碎屑在起作用，使曲线仍有抬升趋势。

3. $F_3$ 断层的物理力学性质及其与其他工程的类比分析

根据对 $PD_2$ 平洞中 $F_3$ 的野外原位剪切试验，以及室内断层泥的物理力学试验结果，结合有关工程，对 $F_3$ 断层的物质组成、强度特性进行综合分析，以便选择较为合适的力学参数。

断层充填物的粒度组成对其力学性质起着主要控制作用。根据 4 组颗分资料，断层充填物为碎屑加泥型，充填物中砾粒含量远大于黏粒含量，为 $3\sim8$ 倍。

由表 3-3 可以看出，$F_3$ 断层泥的黏土矿物中蒙脱石含量较高，其将降低断层的抗剪强度。

根据 X 射线衍射分析及差热分析，$F_3$ 断层泥矿物成分主要为蒙脱石、高岭石、绿泥石、石英、方解石、伊利石。$F_3$ 断层泥粒度成分与有关工程软弱夹层对比情况见表 3-4。

表 3-4　$F_3$ 断层泥粒度成分与有关工程软弱夹层对比情况

| 工程项目 | 粒 度 成 分/% | | | | |
|---|---|---|---|---|---|
| | >2mm | 2~0.05mm | 0.05~0.005mm | <0.005mm | <0.002mm |
| 查龙 $F_3$ | 32~58 | 8~13 | 4.5~6 | 7~11 | |
| 五强溪 | 12~51 | | 18~28 | 28~68 | 20~45 |
| 凤滩 | | 44~54 | 24~42 | 12~31 | |
| 双牌 | 13~19 | 28~33 | 17~31 | 23~29 | |
| 上犹江 | | | 12~55 | 7~28 | |
| 葛洲坝 | 8~18 | 21~45 | 31~70 | 15~61 | |

由表 3-4 可知，$F_3$ 断层粗粒含量远大于其他工程的软弱夹层，这对增大其抗剪强度是有利的。根据窦万和等对粗粒含量对 $f$ 值的影响的研究，$F_3$ 断层的 $f$ 值至少在 0.35 以上。

综上分析，并与有关工程类比，$F_3$ 断层带为碎屑夹泥型时，其抗剪强度的合适取值应为：$f=0.3$，$c=0$。此与野外大型抗剪断的屈服值及摩擦值相近或略小。

## 2.3 水对岩体及断层的影响

小山梁上岩体风化较强烈，裂隙发育，水对其影响主要表现为软化作用和冻融作用，二者都将使岩体强度降低。据试验资料，强风化岩石的软化系数为 0.5~0.6，页岩因亲水性等黏土矿物含量较高，受水的影响明显。

水的作用也将使断层 $f$、$c$ 值有所降低。

# 3 左岸小山梁块体稳定分析

根据小山梁的工程地质特征，小山梁的稳定包括两个方面：一是小山梁作为坝基或坝体的总体抗滑稳定；二是边坡的局部稳定。

## 3.1 断裂组合体稳定分析

小山梁上的断层相互切割形成了 $F_1 - F_6$、$F_7 - F_8 - F_1 - F_4$、$F_3 - F_4$ 三个组合体（图 3-3）。这三个组合体控制着小山梁整体的稳定。

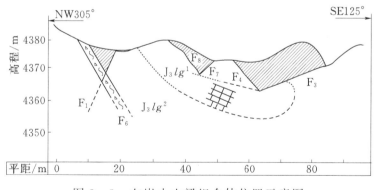

图 3-3 左岸小山梁组合体位置示意图

1. $F_1 - F_6$ 断层组合体

$F_6$ 断层发育于小山梁垭口部位的页岩层中，其是坝区较大的断层之一，与 $F_1$ 断层交切后形成了一楔形体，其交线产状为倾伏向

NE15°，倾角17°，倾向下游（图3-4）。

作为切割面之一的$F_6$断层顺页岩层插入灰岩透镜体之下，在下游河滩$ZK_{30}$钻孔处推测出露高程4317.00m以下。另一方面，小山梁背水坡坡脚高程为4355.00m，而$F_1-F_6$断层的交线在该处已深达4335.00m以下（图3-3），下游无临空面。$F_6$断层上盘为页岩岩体及灰岩透镜体，所以如果山体沿$F_6$断层滑动失稳，必须首先剪断页岩岩体（夹板岩）或灰岩透镜体，而这样的情况是不可能发生的。因此，$F_1-F_6$断层组合体是稳定的。

2. $F_7-F_8-F_1-F_4$断层组合体

$F_7$、$F_8$断层是斜切山体顶部的两条断层，二者构成了组合体的上游切割面。据地表测绘资料，$F_7$、$F_8$断层发育于$F_1$、$F_4$断层之间，故后二者构成了组合体的侧向切割面（图3-5）。

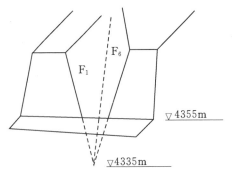
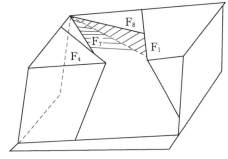

图3-4　$F_1$与$F_6$断层组合体　　图3-5　$F_7-F_8-F_1-F_4$断层组合体

$F_7$、$F_8$断层倾角较陡，均在40°以上，断层交线插入深部基岩，不能构成滑动面，$F_1$、$F_4$断层走向相近，倾向相反，不能相交。因此此组合体无下部切割面，不能形成周边完全被切割的完整块体，故其稳定性良好。

3. $F_3-F_4$断层组合体

$F_3$断层是小山梁中部规模较大的一条断层，该断层是控制小山梁抗滑稳定的关键部位。但是通过此阶段进一步的勘探工作认为：$F_3$断层的延伸状态不好，各处发育规律不等甚至尖灭，很难构成统一的滑动面（见前述）。F$_4$ 断层为方解石、石英脉充填的硬性结构面，断层带本身及其与两侧围岩均胶结良好。

F$_3$ 与 F$_4$ 断层组合切割体交线产状为倾伏向 NW330°，倾角 19°，F$_3$ 断层形成滑移面，F$_4$ 断层形成侧向切割面。交线向下游插入坡脚下基岩中，比坡脚地面高程低 20m 余。因此该组合体不具备下游临空面，其稳定性良好（图 3-6）。

按最不利的情况考虑，假设 F$_3$ 断层切过山梁，并与 ZK$_{24}$ 钻孔中的破碎带相连接（ZK$_{24}$ 钻孔中的破碎带铅直厚度为 0.8m，主要为岩块、岩屑等，此点与 PD$_2$ 平洞内的 F$_3$ 断层相

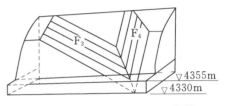

图 3-6　F$_3$-F$_4$ 断层组合体

连后，与地表出露 F$_3$ 产状差异较大）。此时断层在山梁背水坡基本处于临空状态，这样 F$_3$-F$_4$ 断层组合体的稳定性需进行抗滑稳定计算。

4. 垭口页岩段抗滑稳定分析

页岩岩性软弱，风化剧烈，岩体破碎，断裂发育，岩体为镶嵌-散体结构。其中 F$_6$ 断层及其两侧岩体挤压揉皱强烈，部分已成泥状，强度低。尤其是页岩的软化系数小，遇水后强度明显降低，膨胀收缩量也较大。

页岩段山体比较单薄，山体底宽仅约 120m。虽然前文述及 F$_1$-F$_5$ 组合体作为一个整体不存在沿断层失稳的可能。但是由于此段岩体软弱，近于松散状态，所以存在在岩体内部剪切破坏并产生失稳的可能。因此，页岩段是小山梁可能失稳的最危险部位。

5. F$_5$ 断层稳定分析

F$_5$ 断层规模相对较小，为一般性断层，其分布位置又较高（山顶出露高程 4400m 以上），该处山体雄厚。同时 F$_5$ 断层附近无其他断层与之交切形成组合体，虽然 F$_5$ 断层本身破碎带宽度为 0.6～1.0m，上下盘影响带宽度分别为 2m 和 3m，但挤压紧密，不会因渗透或其他原因产生失稳。对小山梁的整体稳定影响不大。

另一方面，$F_5$ 断层距离上坝线各建筑物均较远，对工程影响也不大。

6. 小山梁迎水面边坡稳定分析

小山梁迎水面边坡走向 NW300°～340°，高度一般为 25～35m，边坡坡度多大于 50°，部分段近于直立。

边坡上发育有 $F_{23}$、$F_{24}$、$F_{25}$、$F_{26}$ 等断层以及 $L_1$、$L_2$、$L_3$ 等大裂隙，其中 $F_{24}$、$F_{26}$、$L_1$、$L_2$、$L_3$ 与边坡走向大角度相交，且裂隙倾角均大于坡角，对边坡稳定基本无影响。$F_{25}$ 断层产状 NW305° NE∠85°，倾向坡内，与边坡夹角小，且顶部卸荷张开达 1.0m 以上，将对山梁端部岩体稳定有一定影响，施工中需适当处理。

边坡上顺坡向裂隙发育，产状 NW275°～310°/SW∠60°～89°，后期卸荷风化张开，一般微张或张开数厘米，但由于裂隙倾角大于坡角，故不会产生沿此组裂隙滑动的块体。走向 NE 倾向 NW 或 SE 的裂隙与坡面大角度相交，也形不成组合滑动块体。但在蓄水后，库水将充填到裂隙中，加之水位升降和气温的变化，岩体内将产生冻胀作用，加剧物理风化，从而引起边坡局部崩塌、掉块或松动，但方量较小。

## 3.2 抗滑稳定计算

1. $F_3$–$F_4$ 断层组合体的抗滑稳定计算

$F_3$ 断层作为滑移面，由于其具有不连续性、不均一性，同时依据坝区岩层沉积特征，即使按最不利的情况——$F_3$ 断层切过山梁，其断层带特征也应同时包括下述三种类型：一是碎屑夹泥（$PD_2$ 平洞中）；二是裂隙密集带或破劈理带（TC7 探槽处）；三是存在局部灰岩、石英岩透镜体岩桥并对断层有阻滑作用。因为三种类型在 $F_3$ 断层上的分布及其对总体抗剪强度的影响难以定量化，从偏于安全的角度出发，以第一种类型（碎屑加泥型）代表 $F_3$ 断层带的力学特征，并进行抗滑稳定计算。第二、第三种类型（$f = 0.45$，$c = 0.1MPa$；$f = 0.7$，$c = 0.2MPa$）作为安全储备。

（1）计算基本假设：①认为 $F_3$ 以上岩体整体滑动，滑面平直；②用刚体平衡理论，取单宽进行稳定计算，且不考虑侧向阻滑作用。

$F_3$ 断层抗滑稳定计算剖面见图 3-7。

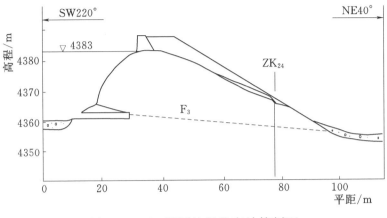

图 3-7　$F_3$ 断层抗滑稳定计算剖面

（2）参数选择。$F_3$ 断层带力学参数按碎屑夹泥型考虑：$f=0.3$，$c=0$。

（3）计算结果。$F_3-F_4$ 断层组合体的抗滑稳定在不同剖面上的计算结果：$K$ 值分别为 1.34、2.05 和 1.64。计算中未考虑扬压力的折减（偏于安全）。由计算结果可知，按最不利的情况考虑，此组合体的抗滑安全系数也不小于 1.34，是稳定的。

2. 页岩段的抗滑稳定计算

（1）计算假定：①假定页岩段在岩体内部剪切破坏并产生整体滑动，采用单宽刚体极限平衡法计算，不考虑侧向阻滑作用；②页岩岩体内按 $a$、$b$ 两个可能的滑动面计算，$a$、$b$ 与 $F_6$ 断层分别组合产生滑动（图 3-8）；③假设页岩岩体是均一的，不考虑页岩中的板岩夹层及灰岩透镜体（偏于安全）。

（2）计算结果。页岩体沿 $F_6$ 断层与 $a$ 滑动面滑动，其计算结果为：岩体的抗滑安全系数达 3.886，岩体稳定性良好。

沿 $b$ 滑面滑动，此时 $F_6$ 为上游切割拉开面，岩体沿 $b$ 面滑动。

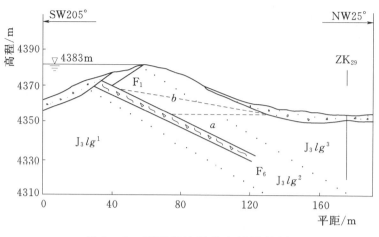

图 3-8　页岩段抗滑稳定计算简图

力学参数采用页岩与板岩层的加权平均值：$f=0.5$，$c=0.2MPa$。计算结果安全系数为 5.28。

# 4　左岸山梁岩体稳定有限元分析

为了进一步分析水库蓄水后左岸山梁岩体的应力变化和位移情况，研究其作为挡水结构的可行性，确保其满足挡水安全要求，在左岸山梁选取了 A—A、B—B 两个典型断面，按平面应变问题对山梁岩体进行了平面有限元分析。

A—A 断面位于山梁垭口溢洪道轴线处。该部位山体最为单薄，岩性复杂，分布有板岩、结晶灰岩和炭质页岩等，表层岩石风化严重，并有顺炭质页岩层发育的 $F_6$ 断层，破碎带宽度为 $1\sim3.5m$，产状 $NE8°/SE\angle62°$，与该部位坝轴线夹角约 78°。

B—B 断面位于左岸山梁堆石副坝中间部位，该处岩性为板岩类，下部发育有缓倾角 $F_3$ 断层，破碎带宽度为 $0.4\sim1.0m$，产状 $NE20°\sim30°NW\angle20°\sim30°$，走向与坝轴线夹角为 $66°\sim76°$。初步设计阶段的勘探结果表明，$F_3$ 断层延伸长度不大，在山梁脊部渐灭，没有形成一个贯通山梁的结构面。有限元分析时，从最不利角度考虑，假定 $F_3$ 断层贯通了小山梁。

## 4.1　A—A 断面计算成果

A—A 断面的计算范围定为：上游边界在山梁迎水面与河床基岩交汇处；下游边界在消力池尾坎以后 20m 处；底部边界在高程 4318m 处。在断面上、下游侧河床基岩高程以下边界施加水平向（$x$ 方向）约束，底部边界施加竖向（$y$ 方向）约束。

根据有限元计算成果及分析得出如下结论：

（1）A—A 断面岩体在水库建成挡水之后，其应力状态与天然情况相比，整体上变化不大，应力较低，位移很小，岩体均处于弹性变形阶段。因此，山梁岩体作为曲溢流堰基和挡水体是可行的和安全的。

（2）$F_6$ 断层在水库建成挡水后，上盘和下盘间剪切作用明显，但相对剪切位移很小，单元均未出现屈服，并具有一定的超载能力。因此，不会影响该断面的整体稳定。但 $F_6$ 断层破碎带较宽，且炭质页岩遇水易软化，弹性模量低，因此，应对 $F_6$ 断层予以充分关注，并采取必要的工程处理措施，避免建筑物产生不均匀陷和造成断层附近岩体出现应力集中。

## 4.2　B—B 断面计算成果

B—B 断面上下游侧河床高程以下边界施加水平向（$x$ 方向）约束，底部边界施加竖向（$y$ 方向）约束。

（1）根据计算结果，B—B 断面岩体单元在蓄水后仍为弹性变形工作状态，应力与天然状态相比变化不大，总的位移相对很小，岩体可以作为枢纽挡水结构的一部分。

（2）根据计算结果，缓倾角断层 $F_3$ 在蓄水后，下游侧部分单元出现剪切屈服，是一潜在的危险滑裂面。但根据地勘结果，$F_3$ 断层延伸长度不大，在山梁靠近上游的脊部渐灭，未贯通整个山梁。此外，根据刚体极限平衡法计算结果，蓄水后（上游为正常蓄水位 4383.00m）即使按 $F_3$ 断层贯通整个山梁计算，其抗滑稳定安全系

数也为 1.34，是稳定的。鉴于山梁下游侧的 $ZK_{24}$ 钻孔中有破碎带发现，对山梁稳定不利，因此建议对上游侧已探明的 $F_3$ 断层进行适当处理，提高其稳定性。

## 4.3 三维有限元分析结论及建议

通过三维非线性有限元分析，可以得出如下结论：

（1）左岸山梁整体稳定，点安全度均大于 2.0。

（2）应力分布以自重场为主，水荷载所占的比例较小。水压力在 1 个大气压力时，山梁岩体均处于弹性变形状态。

（3）超载情况下，山梁上游侧出现局部屈服区，可结合上游侧的卸荷裂隙进行局部锚固处理。

（4）$F_3$ 断层在 1 个大气压力水载作用下，上游局部区域出现破坏，应进行局部处理。

（5）$F_6$ 断层由于 $c$ 值较大，故屈服区很小，倘若令 $c$ 值为零，则在纯摩状态屈服区将会扩大。

（6）对 $F_3$、$F_6$ 断层应进行必要的加固处理。

## 4.4 左岸山梁挡水稳定评价

根据 A—A 断面、B—B 断面的有限元计算和三维有限元分析结果，左岸山梁作为溢流堰和堆石副坝的基础，在水库蓄水后其应力状况与天然情况相比变化不大，应力较低，位移很小，均处于弹性变形范围内，作为挡水结构是可行的。

$F_6$ 断层在蓄水后，剪切位移较小，应力变化不大，不会影响山梁的整体稳定和建筑物的安全，建议对建筑物地基下的 $F_6$ 断层进行局部处理，提高其弹性模量，避免建筑物产生不均匀沉陷和断层两侧岩体出现应力集中，$F_3$ 断层假定为贯穿山梁的缓倾角断层后，在水库蓄水的情况下，断层内产生了较明显的剪切位移，虽然绝对数值并不大，但仍在断层的下游端形成了剪切破坏，构成了潜在的危险滑动面，需引起对该断层的重视。由于 $F_3$ 断层事实上是一条在山脊处尖灭的缓倾角断层，根据抗滑稳定计算成果，即使是贯穿性的缓倾角断层，挡水后其抗滑稳定安全系数仍达 1.34，因此，可认为 $F_3$ 断层在水库蓄水后，其自身是稳定的，不会危及山梁的挡水安全。

综上所述，左岸山梁作为挡水结构可行，且挡水安全。

# 5　结论

（1）左岸小山梁地层岩性不均一，风化较强烈，断层裂隙发育，但断层均难构成贯通的滑动面。

（2）断层组合体在背水坡均无临空面，稳定性较好。由块体稳定分析结果可知，断层组合体稳定安全系数较大，垭口页岩段在岩体内部剪切滑动的可能性不大，但作为洪道基础局部可能存在不均匀变形，可进行部分开挖回填或进行补强处理。

（3）由平面及三维有限元分析结果可知，山梁整体稳定性较好，1 个大气压力水载作用岩体应力及变形均处于弹性状态，故山梁整体失稳的可能性不大。

（4）山梁迎水面的卸荷裂隙带，在超载情况下有屈服区，但底部无连通，局部失稳的可能性小，可进行锚喷处理。

（5）$F_3$ 断层是山梁整体稳定的控制性断层，三维有限元分析结果表明，1 个大气压力水载作用下 $F_3$ 上游侧局部单元屈服，故 $F_3$ 断层应进行锚固处理。

（6）左岸山梁既是副坝的地基，也是挡水建筑物的一部分，因此，加强防渗水处理是非常必要的。

# 第四回 起死回生，安全效益两不误

## ——宣威大厦降水设计

诗曰：

诗词歌赋已过时，短信微博众手执。

夫子不识新网语，今朝何必再读诗。

列位看官，书写到此处，本想像其他章回一样引用一下笔者或他人关于现代都市的诗作，但翻遍书籍，查遍网络，竟未找到一首合适的诗词。看来现代化的都市与古诗词确实是完全不同的两类事物，生活在灯红酒绿的现代都市人，即使写些文字也是那些时髦的网络文字，充其量写些现代诗。唉，作罢，作罢，笔者只好作此绝句凑数，发出"今朝何必再读诗"的感叹了。

此回讲的是一个有关现代都市建筑施工的故事。

在北京东三环兆龙饭店西南侧，有一个更高的建筑唤作盈科中心，是北京众多知名的 5A 级写字楼之一。这座建筑建设之初叫宣威大厦。1994 年，笔者当时所在的单位原电力工业部北京勘测设计研究院除常规的水利水电工程项目外，也已开始多种经营，进入了工业与民用建筑市场。那年我们与中建集团五公司一起承担了宣威大厦的建设任务。五公司负责主体施工，设计院利用自己的特长负责基坑降水。笔者是设计院该项目的负责人，既负责降水技术设计，也负责项目的实施。

降水是一项关系到建筑基础施工时基坑稳定的重要工作。任何建筑物的建设都需要一定深度的基础。楼房越高，基础施工所开挖的基坑也就越深，少则几米，多则十几米、几十米。深基坑的开挖

北京盈科中心（原宣威大厦）

深度已经处于地下水水位以下，地下水的作用对基坑边坡稳定极为
不利。为保证基坑边坡稳定，就要采取人工措施抽降地下水，使开
挖的基坑处于干燥或半干燥的环境中。但地下水在地下的分布特征
看不见摸不着，有时十分复杂。除进行一些必要的勘探工作外，运
用地质和水文地质知识进行分析判断非常重要。

　　宣威大厦项目的业主是我国台湾一家公司。一天下午，台湾公
司老板召集设计、监理、施工等几方人员参加会议，就宣威大厦降
水问题进行讨论。我们作为施工方的一部分参加会议。但因为设计
院承担基础施工中的部分工作，隶属关系易引起误解，所以会前五
公司的领导告知我们只去参会，不到万不得已不要发言。

　　会议在施工现场旁边的一座小楼里举行。设计方先介绍了一下
工区的地质概况，然后大家共同讨论降水方案。笔者在那几天已经
详细研究过业主提交给的地质资料，并依此做出了相应的降水
设计。

　　但在设计单位介绍完地质条件后，却有几个人反对降水。他们举
出了两个工程实例，一是位于宣威大厦旁边的兆龙饭店在基坑开挖时

没有发现地下水；另一是距离宣威大厦几百米远的一个什么广场在勘探过程中发现有地下水，基坑开挖后也有一些地下水涌出，但用抽水机一抽很快就抽干了。所以他们力主不用专门搞降水，直接开挖基坑。监理单位的一位老工程师说得更是振振有词，但他明显对水文地质专业不甚了解，发言中出现了几个概念性的错误。几个人的发言几乎已将业主说服。到这时笔者一看不能不说话了，第一此处的地质条件与别处有所不同；第二笔者要再不说话我们这个项目就彻底黄了。我们是专门负责降水工作的，不降水还要我们干嘛？

于是笔者站起来发言，我说"首先讲几个水文地质中的基本概念，什么是潜水，什么是上层滞水，什么是包气带水"，这种说法确实有些尖刻了。然后我又讲了钻孔勘探资料的分析，讲了地下古河床的展布特征。我说从已有地质资料看，宣威大厦下的地层为砂卵砾石层，很可能有一条古河道从此处通过。而古河道就有可能富集地下水，距其几十米远的兆龙饭店可能已位于古河道岸边，就不一定有地下水了。

笔者讲到最后提出，请业主给我一天时间，对工区进行检验性勘探。如果同意，今晚我就组织钻机进场，明天可出结果。如果这个钻孔证明此区确有地下水存在，我们就进行降水。如果无地下水，这个钻孔算我们免费奉送。

业主是一位台湾人，三十多岁，文质彬彬，形象颇绅士，但看得出也很精明，也很果断。他问我，如果有地下水，要多长时间降下去。我说一周。其实地下水的分布特征是很难准确把握的，很难说出准确的降水时间，但在当时的情况，我也只能大胆地提出这个时间了。

"那好，就给你一天时间，明天我们看结果。"业主同意了我的请求。但接下来的工作于我来说不仅是一种挑战，甚至是赌博。

散会后，我马上调动院里的汽车钻机赶赴现场，连夜开始钻探。那一夜我虽未守在钻机边，但一直提心吊胆。不知明天会是什么情况。须知别人说的不是一点道理没有，更何况兆龙饭店与宣威大厦近在咫尺，怎么就会那没水，这就有水呢？

第二天一大早我赶到工地，询问钻孔情况。钻机上的工人师傅告诉我，钻孔中确实有地下水，但水量不大。有就行！我们通知业主、设计、监理各方人员到现场看我们昨夜完成的钻孔。他们一来我们就抽出水来给他们看，人一走马上停机。业主等人看到确实有地下水涌出，于是同意了我们的降水方案并要求尽快实施。

在现场见到了昨天参会的一位五公司的测量人员。他对我说，你昨天把那几位"蛰"得太好了，他还说了几句贬低别人的脏话。笔者不明白他说得"蛰"是什么意思，可能是马蜂蛰人的蛰吧。我有那么厉害吗？

围绕着基坑我们布置了 65 眼机井，机井间距约 13m，平均井深 18m，超过基坑底部 1m 以下。机井很快打好了，开始抽水。这一抽水不要紧，出水量大得惊人，几十台水泵同时抽，也不见水位下降。这下急坏了五公司负责土方开挖的唐经理，他每天追着我们负责降水施工的乔润国队长问，你们不是拍胸脯说一周之内把地下水降下去吗，怎么几天过去了不见地下水水位下降啊？老乔心里其实也很着急，已在开始怀疑我设计的排水能力是否够了。但现在也只能鼓足勇气对唐经理说："这不是还不到一周吗？"

降水期间我到现场去过几次，几十台水泵都在不停地抽水，抽出的水通过管路连到一起集中导出工程区。出水口简直形成了一条小河。业主和设计方都感叹幸亏采用了降水方案，否则在这么丰富的地下水地层中进行基坑开挖是很难的，要么会发生工程事故，要么工期要大大拖延。

天公作美，恰恰到了第七天的头上，水位开始急剧下降，并达到了设计降深。我的推断和设计真是似有神助。阿弥陀佛！

几天以后，我再见到乔润国，问他唐经理还催不催他了。他说，"早不催了，现在见着我都躲着走。变成了我天天老追着他问什么时候给我们拨付工程款啊？"我听了哈哈大笑。

后来院里的有关领导知道了此事，甚是赞许，对我说："广诚，你的表现真的是让咱们负责的这个项目起死回生啊！既保证了工程建设安全，又给单位赢得了经济效益。"

# 宣威大厦基坑降水方案<sup>*</sup>

## 1 方案选择及施工方法

### 1.1 基本地质条件

工程区地层共分为 7 层，该工程主要涉及第 1～4 层。第 1 层、第 2 层为素填土、粉土、粉质黏土，第 3 层为中细砂、砾砂及圆砾层，此层为区内主要含水层。第 4 层为黏土、粉质黏土、粉土，为隔水层。详细地层划分见表 4 - 1。

表 4 - 1 工 程 区 地 层 划 分 表

| 序号 | 地　层 | 层底深度/m | 层底标高/m | 厚度/m |
|---|---|---|---|---|
| 1 | 素填土 | 0.80～3.00 | 35.84～38.58 | 0.80～3.00 |
| 2 - 1 | 粉土、粉质黏土 | 5.80～7.00 | 31.98～33.58 | 2.80～6.20 |
| 2 - 2 | 粉质黏土、粉土 | 9.50～11.00 | 28.30～29.61 | 2.50～5.20 |
| 3 - 1 | 中细砂 | 12.00～13.50 | 25.80～27.40 | 1.00～4.00 |
| 3 - 2 | 砾砂 | 13.70～15.60 | 23.78～27.40 | 0.20～3.60 |
| 3 - 3 | 圆砾 | 17.20～18.90 | 20.48～21.86 | 1.60～5.20 |
| 4 - 1 | 黏土 | 19.10～19.60 | 19.70～20.09 | 0.20～2.40 |
| 4 - 2 | 粉土、粉质黏土 | 21.80～23.50 | 15.63～17.81 | 1.20～4.40 |
| 4 - 3 | 粉质黏土、粉土 | 24.40～25.90 | 13.48～14.61 | 0.90～4.10 |
| 5 - 1 | 细砂 | 27.50～29.20 | 9.74～12.08 | 1.60～4.80 |
| 5 - 2 | 卵石 | 31.90～33.20 | 6.44～7.58 | 2.70～5.70 |

* 此文为笔者编写的北京宣威大厦抽降水项目实施方案。

续表

| 序号 | 地　层 | 层底深度/m | 层底标高/m | 厚度/m |
|------|--------|-----------|-----------|--------|
| 5－3 | 黏土 | 30.10 | 8.34 | |
| 6－1 | 黏土 | 34.20～37.00 | 2.58～4.64 | 4.10～7.00 |
| 6－2 | 粉质黏土 | 34.30～41.20 | －2.36～0.26 | 0.00～7.00 |
| 7 | 卵石 | 最大孔深44.5m，高程－5.66m未揭穿此层 | | |

注　表中厚度值依据原勘察报告提供的各层层底深度值计算而得，仅供参考。

第2－1层中的上层滞水，仅发现于西南角局部地段，埋深5.00～6.00m。无统一水面，水量较小。主要是地下管道渗漏所至。

第3－1层中为潜水。勘察期间观测到地下稳定水位埋深为11.30m，相应标高为27.81m。勘察期间属枯水季节，根据区域和附近场地地质资料，该层水位变化幅度为1.00～1.50m。

根据注水试验和对中细砂的室内渗透试验，结合区域资料，地质勘察报告中建议：

第3－1层中细砂垂直方向渗透系数为$6\times10^{-3}$cm/s。

第3－2层以下的砾砂垂直方向渗透系数为$3\times10^{-2}$cm/s。

第3－3层以下的圆砾垂直方向渗透系数为$8\times10^{-2}$cm/s。

## 1.2　方案选择

宣威大厦建筑物拟采用箱形基础，基础最大开挖深度为－13.00m。基坑四周拟采用护坡桩固壁，桩端深度为－17.00m。在基坑和护坡桩开挖到地下水水位以下时，必然会出现大量涌水。为施工方便，必须进行降水。水位要求降至地面以下－17.00m。根据上述地层和水文地质条件，考虑到区内地下水水位较深，含水层厚度较大，含水层的渗透系数也较大，该工程拟采用深井抽水的方法，降低地下水水位。

## 1.3　施工方法

降水井造孔，拟用SGZ－IA（150M）和SGZ－Ⅲ（300M）两

种液压回转钻机，在土砂层中用清水回转钻进，砂砾、卵石层中用冲击管钻方法钻进和清孔。护孔主要依靠保持孔内水头压力（与孔口平）。遇严重漏水地层改用泥浆护孔钻进。井孔直径为350mm，成孔后下 $\phi 250 \times 50$ mm 的预制混凝土井管。在含水层部位，安装同径的预制混凝土滤水管，下部应接2m井管作沉积管，为保证人工挖桩孔的排水，抽水井的深度应达到22m，但不得打穿第一潜水层底部的隔水层，以防第二层水上涌造成降水困难。滤水管周围应填入反滤料，其级配应按规范要求选用，填入前要用清水洗净。

井管安装完成后，下风管和扬水管用空气压缩机抽水洗孔，直至抽出清水为止，再安装150QJ（R）25型深井潜水泵抽降水，抽出的水通过排水管道流入雨水管道。

# 2 工程区抽水井点的布置方式

据勘察，工程区在17.20～18.90m以下为黏土、粉土、粉质黏土层，此层厚5.5～7.7m，可视为相对隔水层。区内含水层为第3层的中细砂、砾砂和圆砾。地下水水位为－11.30m，也位于第3层中。据此边界条件，如抽水时过滤管放置此含水层底，可视为无压完整井。

工程抽水区长150m，宽150m，面积较大（22500m²），故抽水井点采用环形布置。

依据勘察结果，抽水井过滤器设置在上述含水层的底部。一般深度为15.00～18.00m。过滤管长按3.00m考虑。

## 2.1 涌水量计算

1. 边界条件的确定

（1）据工程区地质条件，此区井点按无压完整井考虑。

（2）地下水稳定水位按11.00m考虑。

（3）渗透系数取第3－2层和第3－3层的算数平均值。

（4）相对隔水层顶板的平均深度按18.00m考虑。

（5）地下水稳定水位至相对隔水层顶板距离按 $H=18-11=7$m 考虑。

（6）据施工要求，基坑边界（护坡桩）部位地下水水位应下降至地面以下 $-17.50$m。据此抽水井地下水最大降深按 $S=17.50-11.00=6.50$m 考虑。

（7）据相关公式算得抽水影响半径为 252m。

（8）据相关公式算得群井环形半径为 84.6m。

（9）井点群（工程区）中心水位降低值按 3m 考虑（此时该处地下水水位为 $11.30+3.00=14.30$m），比建基面高程 13.00m 低 1.30m。

2. 群井涌水量计算

据群井涌水量计算公式算得该区总涌水量为 5326m³/d。

## 2.2　井点数量和井距的计算

据相关参数和公式计算得出：单根井管的极限涌水量为 117m³/d，井管数量为 46 孔，井管平均间距为 13.0m。

考虑到工程区面积较大，故在抽水区环形井孔布置中布置 54 个井点，在其他特殊部位留 19 个备用抽水井，则总的抽水井数为 65 个。

上述抽水孔在具体施工时可分序进行。

## 2.3　水位降低数值的校核

按相关公式对水位降低值进行校核，降水区中心水位下降值为 4.0m，大于设计值 3m，满足施工要求。

二区降水井点的布置另行计算，暂时按 25 个孔布置。

## 3　宣威大厦基坑排水对兆龙饭店基础的影响及防治措施

拟建的宣威大厦位于北京东三环体育馆北路南侧，在其东北部

与已建的兆龙饭店相毗邻，基坑开挖后与兆龙饭店基础的最近距离约为 10m。与高层建筑楼（22 层）距离约 56m。由于宣威大厦在基坑开挖与基础施工中需进行人工排水以降低地下水水位，因此抽水井处的水位下降必然会导致兆龙饭店地下水水位的下降，兆龙饭店的地基基础由于地下水的下降地层有产生固结下沉的可能，从而影响兆龙饭店的安全稳定。对此问题的地质分析和采取的防治措施如下。

## 3.1　水文地质条件及地下水下降曲线分析

在基础开挖施工过程中，地下水需下降至地面以下深约−17m。水位下降深度约为 6m。经计算，在此种地层中，影响半径为 233m，依此计算水位下降漏斗。由此可知，抽水井点水位下降 6m 时，兆龙饭店高层建筑区地下水水位下降值约为 1.00m，该处地下水水位约 12.30m。

紧靠近宣威大厦施工区的兆龙饭店两座建筑物，一栋为 6 层，另一栋为 4 层，荷重不大，基础较浅，地基持力层远高于地下水水位之上，宣威大厦的降水工程对其建筑物不会产生影响。

## 3.2　对兆龙饭店地下水下降的防治措施

为安全起见，在宣威大厦抽水期间，对兆龙饭店地下水下降拟采取如下防治措施：

（1）在兆龙饭店范围内设置地下水观测孔 4～6 个，观测宣威大厦基坑降水时兆龙饭店地下水水位的变化情况。

（2）兆龙饭店建筑物处设基础沉降观测。

（3）如兆龙饭店地下水水位下降值较大，据上海华容宾馆施工经验和有关技术资料，拟采用人工回灌的方法提高兆龙饭店高层建筑区处的地下水水位。即在施工区降水的同时，在兆龙饭店区内设置回灌孔，加大局部的水力坡度，恢复邻区的地下水水位。观测孔与回灌孔可以结合使用。

# 4　施工组织与施工准备

## 4.1　施工组织

考虑到该工程的工期紧，施工过程中打保护桩、降水、挖土方交叉进行作业，困难较多，决定在项目经理部统一领导下，成立降水专项指挥小组，下设施工管理组、后勤组、5 个打井组、3 个抽排水组，共计 98 人。

## 4.2　主要设备

钻探机 SGZ-Ⅰ型 5 台。

钻探机 SGI-Ⅲ型 3 台。

泥浆泵 BW200 型 6 台。

潜水泵 150QJ（R）2565 台。

空气压缩机 $3M/8kg/cm^2$ 1 台（油动）。

电焊机 28kVA 1 台。

载重汽车东风 5t 2 辆。

汽车吊 8t 1 辆。

## 4.3　现场配合

抽降水工程需现场提供：

（1）动力及照明用电 250kW。

（2）施工用水 $800m^3/d$。

## 4.4　施工程序

降水施工的基本程序见图 4-1。图中二期工程的降水程序待定。

在每侧侧抽水井施工时，可分序进行，即：

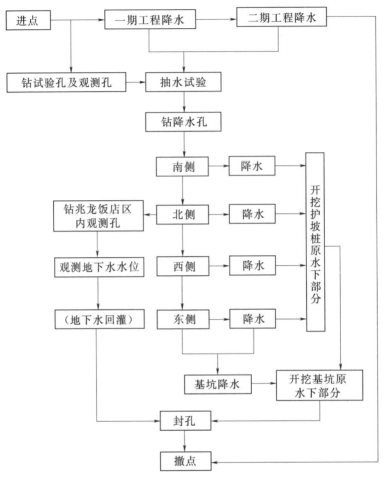

图 4-1 降水施工基本程序图

第一序：单号孔 1、3、5、7、9 等。

第二序：双号孔 2、4、6、8、10 等。

第三序：备用孔或辅助孔。

## 4.5 施工质量监测及保证措施

（1）为保证施工质量，根据设计及甲方要求，在进行降水工作之前，应进行抽水试验，以进一步确定此区地下水水位、含水层厚度、各层渗透系数、出水量、最大抽降水位、地层的给水度、水位下降历时曲线、水位回升曲线、影响半径等。

（2）降水工作进行中，应对降水井、护坡桩井、基坑等处随时进行水位观测，对未达到降水标准的部位，应及时采取相应措施。

（3）对于特殊部位，如发现该处地下水水位不能达到降水规定标准时，在该处可考虑加密井点。

（4）对于临近的兆龙饭店，设置观测井和变形观测点。如发现该区地下水水位下降至可能危及到兆龙饭店基础稳定时，及时采取地下水回灌措施。

## 4.6 施工工期

（1）试验孔工期按甲方安排进行。

（2）降水井开始施工至完成全部降水井，约为 25 天。

（3）基坑部分的降水时间按基坑开挖和浇筑的工期进行。

# 5 安全措施

（1）降水工程技术要求高，时间短、任务重，故集中领导力量，配备经验丰富的地质、钻探专业技术人员 5 人，以加强现场施工指导。

（2）开工前，向全体降水工程施工人员做好技术交底及现场施工安全规程教育，并严格劳动纪律，做到文明生产。

（3）严格各级技术岗位责任制和技术经济责任制。

（4）对于兆龙饭店，在其周边要布置数个观测孔，有计划地进行观测，当观测孔水位超过警戒水位时，应立即采取回灌措施。

（5）当抽水系统全面启动时，每天的排水量将达到约 $10000 \mathrm{m}^3$，必须保证排水管道的畅通，严防排入基坑或道路，而影响施工。

（6）抽水设备定期检查修理，潜水泵有一定的备用量，以便及时更换、修理。

（7）对每口水井要定期检查，当井底的淤沙高度高于过滤水管

底部高度时，应进行清理，以提高水井抽水效率。

（8）加强降水工程技术资料的收集与整理，每眼井的实际结构和安装尺寸，均应作记录，各项原始记录及时整理和保存，以利检查、总结和提高。

# 不渗不漏，千年烂河成碧湖

## ——汾河太原城区段治理美化工程渗漏与浸没问题之论证

词曰：

凄雨斜阳古渡，黄塬苍苦荒芜。太公惊叹圣人出？浊水一夜成湖。

秦地长龙似舞，江南春色如图。蓝天绿草戏白鸥，渭滨天翻地覆。

列位看官，自进入 21 世纪以来，随着国家经济的日益发展，人们对于保护环境、美化环境的要求越来越高。人们都希望生活在一个花红柳绿、莺歌燕舞的环境中，很多城市开始了河道的疏浚治理工作。陕西省咸阳市濒临渭河，是一座历史文化名城。渭河是黄河的第一大支流，素以泥沙含量大著称，加之近年来的污染已使该河道汛期泥沙俱下，枯期浊水漫流，严重污染和破坏了河流两岸人民的生活环境。2003 年，咸阳市政府委托笔者所在单位进行渭河咸阳城区段治理的勘察设计工作，建设咸阳湖，其时笔者担任该项目的项目经理。2005 年工程建成，一夜之间蓄水成功，至此多年浑黄的渭河河道上奇迹般地出现了一片碧水荡漾的湖泊。相传姜太公当年曾在此处垂钓，现仍存太公钓鱼旧址，咸阳古渡也是当年咸阳八景之一。这首西江月《陕西咸阳湖工程竣工日有感》是笔者在咸阳湖建成后所作的一首小词。同时咸阳市政府也请名人作《咸阳湖赋》记述咸阳湖的修建过程，并勒碑铭记。

### 《咸阳湖赋》

咸阳为强秦故都，历史名城。渭水横穿咸阳而过，源远流长，沾溉关中。2005 年 7 月，咸阳市政府完成渭河综合治理工程，沿城南蓄水造湖 1861 亩，于渭河两岸兴建大型历史文化景观十余处。湖光增色，秀色袭人，宫阙相连，金碧辉煌，市民无不欣喜称道，万众陶然。竣工之日，立碑纪念。

咸阳乃百世名都，南依渭水，北控九宗，山水俱阳，雄居关中。渭水擅万物之美，穿峡出谷，汇纳泾洛，宛若游龙，直奔关东。昔后稷教民稼穑，文王仁服西岐，子牙磻溪垂钓，孝公弃雍迁都，穆公泛舟救晋，始皇统一六合，事每关乎渭水而业多举于咸阳。试看五陵春草，上林秋桐，因渭水而增色，项羽叩关，刘邦入秦，借咸阳而成名。古渡落日，送别征夫多少过客；渭城朝雨，迎来无数壮士英雄。故知渭水悠悠，利兴百事，商旅必由通九州；咸阳巍巍，天赋形胜，自古繁华帝王家。

呜呼！风流俱往，岁月峥嵘，历史长河照辉煌。观今日咸阳重塑，更喜古城新貌胜汉唐。一湖碧波平地出，千亩秀色映雁行。阿房甘泉，兰池章台，临街全然汉唐气象；荻叶芦花，紫荆海棠，夹岸尽是江南风光。云销雨霁，长虹卧波，咸阳桥下舟迷津；雾起风生，飞阁流丹，咸阳楼上歌飞扬。垂钓湖滨，水深而鱼肥，采莲河塘，藕嫩而荷香。杨柳依依，群莺绕树乱飞；蒹葭苍苍，伊人隔水可望。登高极目，万绿丛中点点红；把酒赏月，长笛尽处是蛙声。君不见，千年渭水浊复清，似曾相识燕归来。君不见，咸阳古渡今又现，朝朝暮暮人如海。诗曰：

一望平湖解百愁，红墙绿柳胜瀛洲。咸阳古渡人如织，秦苑新宫歌满楼。

十里花香四水曲，千村果熟五陵秋，沧桑欲问缘何事，禹绩随波天地流。

咸阳湖建成后，笔者曾数次前往。昔日浑浊的咸阳湖水已经变成了一片浩瀚的湖面。湖两岸雕栏玉砌，花红柳绿。市民在滨湖广场健身跳舞，情侣在花前柳下卿卿我我，好一幅幸福祥和的场面。湖边主广场修建了一尊秦始皇的巨幅雕像，风格古朴，气势恢宏。湖面建成之日，就有头脑敏锐的房地产商在湖边打出了湖景洋房的广告，因此使两岸房价一夜之间暴涨，如今两岸已是高楼林立。每次到咸阳湖边，也总喜欢在这里与休闲的市民攀谈几句，了解一下他们对这项工程的看法，结果几乎是一边倒的好评，当得知是我们设计的，都挑指称赞，夸赞我们为咸阳人民办了一件好事。笔者作为这个项目的主要设计人之一，此时一种自豪感也油然而生。时任咸阳市长的张立勇曾多次表示要邀请我成为咸阳市荣誉市民。

列位看官，本回所要讲述的是与咸阳湖工程类似的另一个河道治理工程——山西汾河太原城区段治理美化工程。该工程于 1999 年由原电力工业部北京勘测设计研究院承担勘察设计工作，笔者时任该研究院的副总工程师。

汾河是山西省境内的一条重要河流，其从太原市中心穿流而过，被太原人称为母亲河。可是多年来由于污染和淤积，汾河已成为名副其实的污水河。各项指标均严重超标，给两岸人民的健康带来不利影响。因此，根据太原市总体规划，拟对汾河城区段进行治理美化。在确保汾河河道安全行洪的前提下，北起胜利桥，南至南内环桥建设一个 6km 长的清水水面，解决汾河河道太原城区段污染和淤积问题，使其成为美丽的水上公园。这对太原的城市面貌及人们生存环境的改善都将起到十分重要的作用。

但是，从工程地质的角度说，修建此工程面临两大难题：渗漏与浸没问题。

第一是渗漏问题。汾河河道宽约 500m，据区域资料，河床覆盖层厚度二三百米。要在汾河河段上拦截一段建湖就必须在湖的四周做防渗处理，避免湖水外渗。四周可以通过截水墙等工程措施防渗，那么湖底呢？如在四周做二三百米的防渗墙至基岩固然安全可靠，但是工程量太大不能承受。因此就想在河床覆盖层中寻找一层

相对隔水且连续的地层作为湖底隔水层，这就像是河中漂浮的一个盆，通过工程措施切断盆内外的水力联系，只需要保证这个盆不漏就可以了。但是这个盆太大了，长6km、宽0.5km，而盆底就是河道中是否有一个相对隔水的黏土层。为此我们布置了大量勘探工作，每300m布置一个钻孔，钻孔之间采用物探方法探测。有疑点的部位加密钻孔。通过勘探发现相对隔水的黏土层确实存在，除局部有些问题外其基本连续。于是我们确定了用此层做隔水底板的截渗方案。

但是此方案一提出就不断有人对其提出怀疑，300m一个钻孔？300m之间黏土层缺失出现"天窗"怎么办？为此我们又补充了少量钻孔。但是在历次审查中都还有人提出相同的问题，院总工程师邱彬如也几次找到我落实情况，我坚定地回答说：没问题！我们可以怀疑钻孔300m间距间有问题，中间加个钻孔后间距变成了150m，但150m范围内有没有问题？再加密75m范围有没有问题？如此下去难道要把钻孔一个挨一个布满整个河道才能不怀疑吗？另一方面，即使黏土层连续了，其在每一处是否都具有足够的厚度以保证不会被蓄起的湖水击穿而与下部地下水连通？如果以这种方式思维，我们的勘探工作就会永无休止，也许我们只有把所有的黏土层全部开挖揭露出来才能够得出黏土层在整个库区连续存在的结论。这不是地质学的思维方式与工作方法。地质学的思维方式和工作方法是：在有限的勘探工作基础上，通过运用地质知识诸如河流沉积规律等去做分析判断，而不是要处处眼见为实。若真如此也就不需要地质人员了。

第二是浸没问题。浸没是与水有关的另一个工程地质问题。由于蓄水，一定范围内的地下水水位会有所上升，虽未出露地表，但可能对此范围内房屋基础的稳定性产生影响，或者影响这一地区树木、花草或农作物的生长。通俗地讲，就是原来你家房屋的基础是建在干燥的土基上，树木庄稼也是生长在相对干燥的土壤中，现在地下水水位抬高，房屋基础和植物根系都泡到水分饱和的土体里了，房屋是否安全？植物是否还可以正常生长？这都要画个问号。

山西太原汾河治理后景观一瞥

该工程中浸没问题与前边的渗漏问题密切相关，也是依赖于河床黏土层的连续分布。如果黏土层不连续，库水就会通过黏土层的"天窗"绕渗到库外，并使两岸地下水水位升高。而汾河两岸都是高楼林立的现代化建筑群，其地面高程在相当多的区域内是低于库水位的，库水外渗可能会造成这些地区地面积水或地下水水位壅高，从而影响该区内房屋，特别是楼房的稳定。

　　汾河治理项目施工后不久笔者调到了水利部水利水电规划设计总院工作。项目完成后的效果如何也就不太清楚了。2000年一次到山东参加中国水利学会勘测专业委员会会议，会上遇到了山西省水利水电设计院的一位负责同志。笔者向他打听汾河治理情况。问了两个问题：第一，在汾河上兴建的湖面是否都蓄起水了，答案是肯定的；第二，治理区两岸是否有地表水渗出或有无居民告状的现象，答案是否定的。这下笔者放心了。

　　后来笔者得到了一份汾河治理后的宣传资料。汾河治理工程完工以后，在不影响河道行洪的前提下，兴建了环境美化工程，绿树葱葱，花草遍地，亭台楼阁，小桥流水，还修建了一些雕塑小品，其夜色更是美妙，湖面上灯火辉煌，游船如织，美不胜收。这里确实变成了太原人民休闲度假的一个好去处。这个项目后来获得了联合国人居奖。笔者作为这个项目当年的工程勘察设计人之一，也感到万分骄傲和自豪。

# 汾河太原城区段治理美化工程
# 浸没问题分析评价[*]

## 1  引言

汾河由太原市中心流过，历来被太原人民称为"母亲河"，可是近年来由于污染和淤积，汾河已成为名副其实的污水河。

根据太原市环境监测中心资料及该工程勘探期间水质分析资料，汾河水各项污染指标均严重超标，如此糟糕的水质环境除了给两岸人民的健康带来不利影响外，也和太原作为山西省的省会城市的地位极不相称。

因此，根据太原市总体规划，太原市人民决心对汾河城区段进行治理美化。在确保汾河河道安全泄洪的前提下，北起胜利桥，南至南内环桥形成 6km 长的清水水面，解决汾河河道太原城区段污染、淤积问题，使其成为美丽的水上公园。这对改变太原的城市面貌及对人们生存环境的改善都将起到十分重要的作用。

## 2  工程概况

太原市三面环山，地处晋中盆地北端。太原盆地内沉积了极厚的第四系堆积物，厚度变化大，成因繁多，城区段上部主要为冲积、洪积物（图 5 - 1）。汾河流经太原市蜿蜒南去，形成了开阔的冲积平原，汾河河谷宽约 500m，主河床宽 60～160m，河谷左右岸

---

　　* 此文为参与汾河太原城区段治理美化工程项目的王宇飞女士所撰写，该项目由笔者主持地质勘察工作，本文发表在《工程地质学报》，2000 年增刊，419 - 424 页。

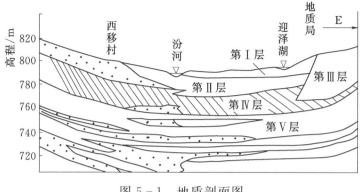

图 5-1 地质剖面图

为高出河漫滩 2～3m 的人工土堤，多处有砌石护坡，河床纵坡降 0.783%。

## 2.1 水文地质条件

太原盆地有多种类型的地下水，但和该工程紧密相关及对汾河两岸太原城区环境造成主要影响的是冲积层浅层孔隙水。含水层由粗、细砂及砾砂、圆砾组成，底板埋深 27～50m，即图 5-1 中的第Ⅳ层。

区内地下水动态受气候、地形、含水层岩性特征及人工开采影响，一般是：两岸地下水主要接受大气降水、周边山区径流补给；地下水径流方向基本和地形一致，两岸向汾河排泄，经河床流向下游；局部地段地下水接受汾河河水补给。

## 2.2 水工建筑主要方案布置

该工程的实施方案为：在主河槽内布置两条明渠，中间由中隔墙分开。东边为清水渠，宽 230m，西边为浑水渠，宽 80m。清水渠等距离修建四道橡胶坝，坝高均为 2.5m，形成三级蓄水池，每级最大蓄水深度池首 1.2m、池尾 2.7m。平时立坝蓄水，洪水时塌坝泄水，小流量洪水由浑水渠排泄。渠边墙东西两侧布置两条排污暗渠（渠宽、高都为 3m），即排泄两岸支沟来水和雨水又可作为清

水渠和浑水渠的基础，东暗渠和中隔墙下做防渗墙，防止清水渠渠水渗漏。

# 3 浸没影响分析

## 3.1 可能性及原因分析

该工程投入运行后，蓄水池池水比原河水水头抬高2m左右，在此水头作用下，蓄水池池水势必向外渗漏，以达到新的水力平衡，在汾河两岸一定范围内会造成地下水不同程度的抬高。地下水水位的抬高在汾河两岸地势低洼处或原地下水埋藏较浅处，可能会造成一定的浸没影响，同时东暗渠下防渗墙的修建阻碍了原地下水的渗流通道，也可能壅高其附近的地下水水位。为了对浸没影响范围和程度有一深入了解，进行了渗流场三维有限元计算分析。

## 3.2 三维稳定渗流有限元分析

地下水三维渗流计算采用固定网格有限单元方法，根据工程区水文地质资料和工程设计特性，在不同工况下计算汾河两岸地下水渗流场。为保证计算精度，垂直河流共剖分50个断面，每个断面从西至东分25个单元，垂直方向划分9个单元，共计 $50 \times 26 \times 10 = 13000$ 个节点，$49 \times 25 \times 9 = 11025$ 个单元。

西岸由于浑水渠的存在，基本未改变原地下水的天然状态，再加上西岸地表高程高于河床高程，地下水一般埋深较大，浸没影响甚微，因此只对东岸进行渗流场计算。

### 3.2.1 计算边界条件的确定

（1）计算范围。根据勘测成果，圈定计算范围北起1号坝线上游500m，南至4号坝线下游1000m，西至中隔墙以西1000m。河东边界取在第四纪不透水地层的边界（五一路沿线），距汾河约3500m。底部计算边界为砂砾层的底边界。模型范围定为7000m×4000m。

（2）地层结构及计算深度。第Ⅱ、第Ⅲ、第Ⅴ层为含水透水层，第Ⅳ、第Ⅵ层为相对隔水层，东岸山前洪积层为计算区东岸的隔水边界，计算深度至第Ⅵ层隔水底板。

（3）水文地质边界和水工条件。上下游及河西边界按已知水头边界考虑，并按观测的地下水水位进行控制。河东及底部边界按流面边界考虑，即认为和计算区域以外的地层没有水量交换。汾河河槽及蓄水池边界均按已知水头边界进行控制。

工程建筑物设计为三个蓄水池，蓄水池水位比原河水抬高 2.0～2.5m，环绕东岸暗渠、中隔墙和 1 号、4 号坝线的垂直防渗墙深度至第Ⅳ层，墙厚 15cm，防渗墙渗透系数为 $1\times10^{-5}$ cm/s。

### 3.2.2　计算成果

（1）为验证模型的适用性，首先进行了渗流场的拟合计算。计算得到的初始渗流场与实际观测资资料基本吻合，存在一些局部差异的主要原因是：太原城区水文地质结构复杂，计算区域内的地下水开采和补给等资料缺乏，并且不同时期的开采和补水情况变化较大，在模型中难以考虑这些因素的影响，而且如果将一些局部细微的水文特征考虑进去，也不利于得出区域完整、真实的拟合成果（图 5-2）。

（2）蓄水池不做防渗处理时汾河东岸地下水水位抬高等值线见图 5-3。

（3）蓄水池进行封闭防渗处理时，两种情况下（防渗墙厚度 15cm，防渗墙渗透系数分别为 $1\times10^{-5}$ cm/s 和 $1\times10^{-6}$ cm/s）汾河东岸地下水水位抬高等值线见图 5-4。

# 4　浸没评价及处理措施

## 4.1　浸没范围和程度

上述不同工况的计算结果表明：

（1）蓄水池蓄水后，东岸地下水水位均有不同程度的壅高，防

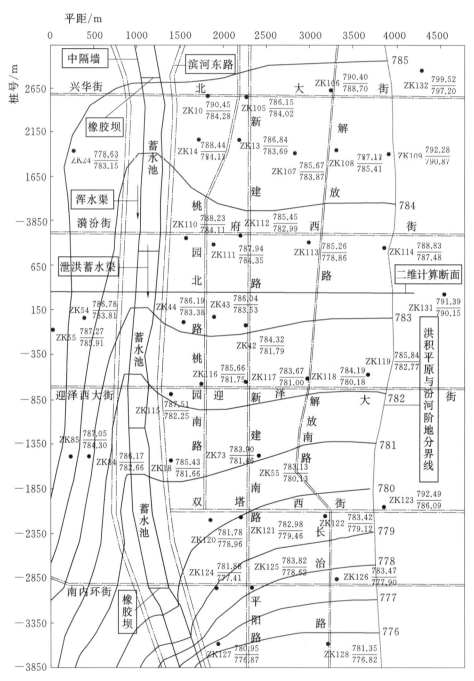

图 5-2 汾河初始地下水渗流场等水位线图（单位：m）

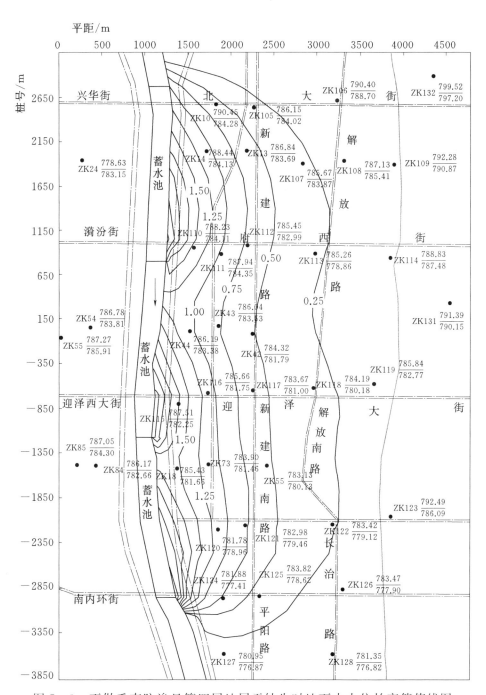

图 5-3　不做垂直防渗且第四层地层无缺失时地下水水位抬高等值线图

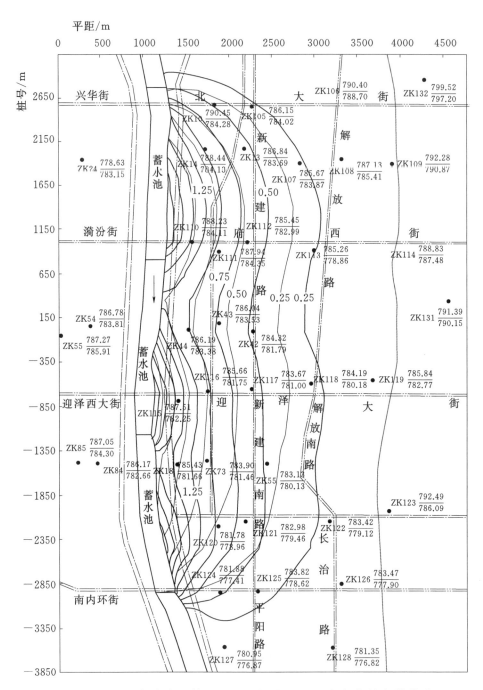

图 5-4　封闭式高喷墙且第四地层无缺失时地下水水位抬高等值线图

浅实线: $k_{墙}＝1.0×10^{-6}\,cm/s$; 黑实线: $k_{墙}＝1.0×10^{-5}\,cm/s$

渗墙质量对东岸水位壅高有一定影响，在现有设计防渗能力下，防渗后壅高值会降低 10cm 左右，防渗前后量级变化不大。

（2）地下水水位壅高值自西向东逐渐变小，一般在解放路以东基本保持天然水位。数值较大地段为新建路以西至蓄水池之间，宽度约 1200m。

（3）汾河东岸长期观测孔资料显示，城区各主要街道由西向东地下水壅高值为：解放路沿线地下水壅高值一般为 0.20～0.29m，地下水壅高较小，对有的地下水状态改变不大。新建路沿线地下水壅高值为 0.45～0.65m，壅高后地下水埋深为 1.8～2.6m。桃园路沿线地下水壅高值为 0.75～1.04m，壅高后地下水埋深为 1.2～2.7m。滨河东路地势较高，地下水壅高值为 1.0～2.0m，壅高后地下水埋深仍然为 2.0～3.0m，影响不大（需要说明的是，计算成果依据 1998 年 11 月水位量测值，此时为地下水枯水与丰水期之间，太原城区近年来水位年变幅为 0.8～1.4m，据此丰水年丰水期地下水水位比目前计算结果可能有不同程度的提高）。

## 4.2　浸没危害

地下水壅高对城区的建筑物和道路将产生不利的影响，汾河东岸城区内道路纵横交错，而且道路等级较高，当地下水水位接近地表时，道路地基饱水，地基承载力降低，同时还可能发生地基土体膨胀、冬季冻融破坏等，直接影响道路的运行。城区建筑物在地下水壅高时，将直接造成对建筑物基础及地基的危害。

（1）高层建筑基础一般埋置较深，基本处于地下水水位以下，现有的水位升高对建筑物基础不会产生影响，高层建筑地基原已位于地下水水位以下，地下水壅高不会改变地基持力层性状，也不会对上部建筑物产生影响。因此，地下水水位壅高不会对高层建筑产生新的影响。

（2）城区内中层建筑基础埋深一般为 2～3m，现多位于地下水水位以上。对基础原设计于地下水水位以上的建筑物，水位升高可能使基础变为水下，对基础有一定的影响，尤其对城区内基础防水

抗水能力差的简易楼房影响较大。随地下水水位升高，原设计地基位于地下水水位以上的建筑物，地基持力层由不饱和变为饱和，其承载力降低，将对上部建筑物产生影响，原设计中楼房基础及地基均位于地下水水位以下的，建筑和采用桩基的建筑物，水位升高不会改变持力层的性状，因此此类建筑物不受地下水壅高的影响。

（3）城区内低层平房，基础一般位于地下水水位以上，水位升高，对建筑物地基与基础有一定的影响，此类建筑物对地基、基础要求不高，且建筑物数量随城市改造在不断减少，因此地下水壅高对此类建筑物影响不大。

## 4.3　处理措施

从图 5-3 及图 5-4 可以看出，蓄水池是否进行防渗处理，汾河东岸地下水仍将产生不同程度的壅高，防渗墙对汾河东岸地下水的壅高作用不明显，但对减少渗漏量作用较大。针对浸没需采用相宜措施以降低影响。

（1）现设计方案中在东暗渠齿墙外侧设置排水管，排水管直径为 50cm，埋设于暗渠底板以下 0.5m，排水管沿线设 12 个集水排水井，抽排地下水以降低东岸地下水水位。

根据计算，采用上述处理措施后，东岸地下水水位有明显的回落（图 5-5），在桃园路沿线，水位可在壅高水位的基础上降低 0.7m，新建路沿线水位可降低 0.35m，解放路沿线水位可降低 0.1m。处理的结果为：新建路沿线以东，地下水水位壅高值小于 0.15m，桃园路沿线及其以西地区，壅高值为 0.30～0.50m。总体来看，壅高值均已变小，可能产生浸没问题的区域只局限在桃园路至滨河东路之间的范围内。

（2）前已述及，随防渗墙渗透系数减小，相同地段壅高值相应减小，浸没影响范围相应缩小（图 5-4）。因此保证防渗墙施工质量，减小其渗透系数也是降低浸没影响的一个手段（防渗墙试验检测显示，渗透系数均能满足 $K < 1 \times 10^{-5}$ cm/s 的要求）。

（3）在东岸，布置了地下水长期观测孔，因此做好运行期的长

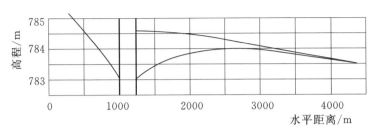

图 5-5　排水管排水后东岸地下水水位降低曲线

期观测，及时了解分析地下水的变化动态也是处理浸没的补救措施。

# 5　结语

工程投入运行后，随池水位升高，汾河东岸地下水将有所壅高。计算结果表明，东岸解放路以西地下水有所壅高，其中新建路以西壅高值较大。在蓄水池东侧做好沿线排水后，东岸地下水壅高值明显降低，仅在桃园路沿线以西地下水有 0.3～0.5m 的壅高。可能产生浸没问题的区域只局限在桃园路至滨河路之间的范围内。工程运行期间应做好地下水长期观测，及时发现问题，将危害降低到最低限度。

第六回

# 字字千金，数亿资金一纸定
## ——南水北调中线膨胀岩问题

诗曰：

驱车探看上高原，峰回路转入云端。

草原千顷镶碧水，高山万仞接蓝天。

黄河源头观落日，长江岸边洗征鞍。

它日玉带连南北，神州处处是花园。

列位看官，南水北调是举世瞩目的一项特大型跨流域调水工程，有东、中、西三条引水线路。由于南水北调工程规模巨大，跨过多个流域，其工程地质条件复杂多样。特别是西线工程位于青藏高原东北部，是在长江上游支流通天河、雅砻江和大渡河上筑坝建

南水北调中线干渠景观

库，开凿穿过长江与黄河的分水岭巴颜喀拉山的输水隧洞，调长江水入黄河上游。调水区高程一般为 3000～4500m，受高海拔、深切割和复杂地形的影响，空气稀薄缺氧，气压低，气温低且昼夜温差大。工程区自然环境、地质环境、经济技术环境和施工环境都很差。

为此，2002 年夏由水利部张基尧副部长带队专程赴川西、甘南等处进行了南水北调西线工程现场考察。考察区地跨长江、黄河两个流域，站在山顶，左脚为黄河流域，右脚即为长江流域。笔者作为地质专家随队考察。途中，于颠簸的车之上写下了这首七律《南水北调西线考察纪行》。另外还作了一首五言诗：

驱车上九重，手挽两条龙。
回首看南北，阴晴大不同。
南国云雨骤，北地槁枯容。
江水齐横纵，神州郁葱茏。

南水北调西线工程目前尚未实施，暂且不表。其东线、中线工程相继开工并已先后建成通水。如此规模浩大的工程在其勘察设计与建设期间自然会有许多故事。此处，向列位看官讲述一段关于中线膨胀岩与膨胀土鉴定问题的故事。

2001 年 6 月，笔者正在云南出差审查滇西的一个工程项目，接到水利部水利水电规划设计总院办公室王志明主任的电话，他让我尽快赶到郑州处理南水北调中线复核工作中的一个技术问题，并特别强调是总院的张国良院长特意叮嘱让我去的。张院长说笔者处理事情比较"拉呼"，王主任也说不出"拉呼"的具体意思，褒义理解就是处理事情比较果断，贬义理解也许有大大咧咧的意思。

接到王主任电话，笔者立即把云南的事情做了处理，马上买机票直飞郑州，到达郑州时已是晚上九点多了。河南省南水北调中线办公室人员从机场把笔者接到了宾馆。到了宾馆才知道参加中线复核的同志还都没有吃饭，在等着笔者。这使笔者大为感动，也很不好意思。所以晚饭时笔者答应和大家多喝两杯。

河南人喝酒有一个特殊的习俗，就是向你敬酒时只让客人喝，他不喝，叫作端酒。据说这习俗是因为过去河南穷，买不起酒，主人把仅有的一点酒优先让给客人喝。现在富裕了，酒可以随便喝了，但这一习俗却在部分地区部分人中仍有保留。本来是笔者心怀歉意，主动想多喝两杯，但喝起之后就不断地有人给你敬酒——端酒。笔者本来酒量不大，几番下来，已招架不住。对这端酒的习俗也不满起来，直接对同餐人员说，你们这个习俗得改改了，要不我给你们端圈酒吧。

到了郑州，才知道院长叫笔者来此地的任务是处理南水北调中线膨胀岩与膨胀土的界定问题。南水北调中线工程由于工程巨大，战线很长，其勘察设计工作由几家设计院共同完成。其中河南段由河南省水利勘测设计院负责，但南水北调工程的总体设计是由长江水利委员会长江勘测规划设计研究院负责。就是说，河南省院负河南段的责任，而长江院负总责。但两家对于河南省分布的一段岩体是属于膨胀岩还是膨胀土的问题产生了分歧。

实际上，工程地质学中对岩和土并没有一个明确的界限。高度风化的岩石，结构松散，强度软弱就成为了土；而一些砂土经过物理化学等因素的作用，重新固结又可成岩。但在工程施工时，岩和土的开挖造价却差异很大。如果定义为土类，每开挖 1m³，最高造价为 8 元；而若把它定义为岩类，最低开挖价为每 1m³ 52 元。河南段岩石开挖总方量为 9964 万 m³，其中存在争议的 V 级岩石开挖方量为 6936 万 m³。那么两种计算方法的最大差价可达：（52－8）元×6936 万 m³＝30.52 亿元。好吓人的一个数字！

第二天上午，笔者会同有关人员观看了河南段岩芯房，仔细观看了在争议段钻孔打出的岩芯。下午会同河南省院、长江院与长江委勘测局、河南省南水北调中线办公室等有关人员就南水北调中线方案河南段岩石类别划分问题进行了讨论，实际上是激烈的争论。最后普遍认为在 V 级岩石中有部分岩石相对软弱可以划为 IV 级，即为土层。考虑到目前的实际情况，经讨论决定依据标准贯入试验值界定土层或岩石。即认为标准贯入击数 $N \leqslant 30$ 的地层按土层考虑，

$N>30$ 者为岩石。同时请河南省院统计标准贯入击数 $N\leqslant30$ 的土层在 V 级岩石中所占的比例，依此比例将 V 级岩石中的部分地层划为土层。

笔者回京后立即将上述意见写了一份简要的报告，报告给了张国良院长和有关专家，得到了他们的首肯。于是笔者立即给河南省院写了个便函：

河南省水利勘测设计院：

为了做好南水北调中线方案的复核工作，请你院依据下述方法和标准对南水北调中线方案河南段 V 级岩石中的标准贯入试验进行统计，统计方法和标准如下：

（1）对目前划为 V 级岩石的地层，统计标准贯入试验击数 $N\leqslant$ 30 的地层在钻孔中占 V 级岩石的线性长度比例。

（2）对于试验击数 $N\leqslant30$，但单层厚度 $\leqslant1m$ 的地层，按 V 级岩石考虑（即认为该层 $N>30$，下同）。

（3）只统计渠段上的钻孔。

（4）只对开挖线以上部分进行统计。

（5）如渠段上的钻孔全孔未作标贯试验，可用邻近建筑物的钻孔代替。如无邻近孔代替，该部位地层均按 V 级岩石考虑。

（6）钻孔中部分层段未作标准贯入试验的地层按 V 级岩石考虑。

上述方法及标准为本次复核工作的暂用估算方法，其成果有待下阶段工作中进一步补充落实。

水利部水利水电规划设计总院

2001 年 6 月 14 日

几天以后，河南省院的统计结果出来了，现在笔者已忘掉了当时具体的统计数字，但因此而减少资金在 10 亿元以上。笔者写给河南省院的界定标准全文 350 个字，这样算来每个字价值 280 余万元，

何止字字千金啊！

　　后来还有笑话，有朋友道听途说知道了笔者的这段经历，说是因为笔者在郑州那晚的酒没有喝好，更有甚者说笔者那晚把人家的桌子给掀翻了，所以使河南人民损失了几十亿。其实笔者不善饮酒，不喜饮酒，更讨厌公务活动中那种觥筹交错的应酬场面，也绝不会因饮酒而使工作有失公允。以上只是笑谈耳。

# 南水北调工程概况及其主要工程地质问题<sup>*</sup>

**【摘　要】** 南水北调是举世瞩目的一项特大型跨流域调水工程，有东、中、西三条引水线路。由于南水北调工程规模巨大，跨过多个流域，其工程地质条件表现出多样性、复杂性等特点，有些问题也是调水工程特有的工程地质问题。本文简要介绍了南水北调东、中、西三条线的工程概况及其主要工程地质问题。

**【关键词】** 南水北调　工程地质条件　工程地质问题

## 1　南水北调工程概况

南水北调是举世瞩目的一项特大型跨流域调水工程，是实现我国水资源战略布局调整，优化水资源配置，解决黄淮海平原、胶东地区和黄河上游地区特别是津、京、华北地区缺水问题的一项特大基础措施。其对保证和促进我国北方经济发展、环境改善和社会稳定都具有十分重要的意义。经过科学技术人员几十年的工作，目前规划了从长江下游、中游、上游分别引水，形成了东、中、西三线的总体布局（图 6-1）。

作为一个历史悠久的农业大国，我国人均水资源量仅有世界人均水量的 1/4，被列入 13 个主要贫水国的行列，而且水资源在空间分布上南多北少，极不平衡。特别是 20 世纪 90 年代以来，随着国民经济的发展，本来水资源严重不足的北方地区水资源供应状况更是捉襟见肘。北方广大地区水荒严重，水资源供需矛盾日益加剧，黄河下游断水频繁，水环境持续恶化，这已成为我国经济社会发展中的严重制约因素，南水北调工程上马已显得十分迫切。为此，多

---

* 此文发表在《工程地质学报》，2004 年第 12 卷第 4 期，354-360 页。

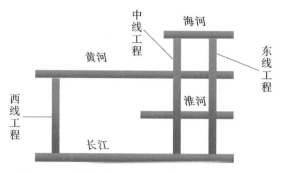

图 6-1　南水北调工程四横三纵总体布局

少年来，人们一直在矢志于跨流域调水工程的研究。

早在 1952 年毛泽东主席第一次视察黄河时就说过，南方水多，北方水少，从南方借点水到北方是可以的。经过科技人员几十年的工作，目前规划了从长江下游、中游、上游分别引水，形成了东、中、西三线的总体布局。规划中的南水北调工程分为东、中、西三条线路，分别从长江的下游、中游和上游引水至华北、西北地区。其中前两条线路在途中将与黄河成立体交汇，而西线则是在上游直接注入黄河。我国水资源在全国形成了"四横三纵"的战略格局。

从工程地质的角度来说，由于南水北调工程规模巨大，跨过多个流域，其工程地质条件表现出多样性、复杂性等特点，工程地质问题复杂多样。有些问题也是调水工程特有的工程地质问题，如渠道穿越黄河问题、渠道左岸（西侧）排水问题等。特别是西线工程，由于其所处地理位置、气候、大地构造环境以及规模的特殊性，其工程地质问题的复杂程度在国内乃至世界都将是罕见的，其工程地质勘察也具有一定的难度。南水北调工程地质问题的妥善解决不仅是工程建设的基础，对于工程地质科学和相关技术的发展也将起到推动促进作用。对于南水北调工程中的工程地质问题的系统总结和深入研究是非常必要的。

为了这项宏伟工程的建设，我国水利科技工作者已经奋斗了几十年，特别是近几年来，在国务院、水利部的领导下，南水北调工程加快了前进的步伐，并取得了巨大进展。水利部所属长江水利委

员会、黄河水利委员会、淮河水利委员会，以及北京、天津、河
北、河南、江苏等省（直辖市）水利水电设计院和有关科研单位，
为南水北调工程的实施做了大量的勘测、设计、科研、论证等工
作，在工程地质方面也已做了大量的工作和深入的研究。这些成果
既是南水北调工程顺利实施的基本保证，也是我国各流域总体规
划、开发和研究的宝贵财富。

# 2　南水北调东线工程简介及其工程地质问题

## 2.1　东线工程概况

　　南水北调东线工程利用江苏省已有的江水北调工程，逐步扩大
调水规模并延长输水线路。东线工程从长江下游扬州附近抽引长江
水，利用京杭大运河及与其平行的河道逐级提水北送，并连通起调
蓄作用的洪泽湖、骆马湖、南四湖、东平湖。出东平湖后分两路输
水：一路向北，在位山附近经隧洞穿过黄河，经扩挖现有河道进入
南运河，自流到天津，输水主干线全长 1156km，其中黄河以南
646km，穿黄段 17km，黄河以北 493km；另一路向东，通过胶东
地区输水干线经济南输水到烟台、威海，全长 701km。

　　由于东线工程输水河道所处位置地势较低，受高程限制，主要
供水范围是黄淮海平原东部和胶东地区，受水面积 18 万 km²。主要
供水目标是解决包括津浦铁路沿线和胶东地区的城市缺水以及苏北
地区的农业缺水，补充鲁西南、鲁北和河北东南部的部分农业用
水。东线工程除调水北送任务外，还兼有防洪、除涝、航运等综合
效益，亦有利于我国重要历史遗产京杭大运河的保护。

　　东线工程的主要工程地质问题：高地震烈度区的渠道边坡、建
筑物稳定和地基液化问题，渠道两侧地下水水位升高引起的浸没和
土壤盐碱化问题，砂性土渠段的渗透稳定问题，软土段渠坡稳定问
题及穿黄隧洞围岩稳定、突水流砂等问题。

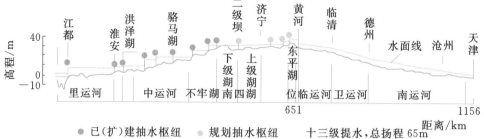

图 6-2　南水北调东线工程输水干线纵断面示意图

## 2.2　区域稳定和抗震问题

南水北调东线一期工程在苏北皂河—宿迁骆马湖一带穿越我国东部深大断裂——郯庐断裂。该断裂带北段历史地震活跃，在断裂带及其附近具备发生强震的历史背景。

根据国家地震局 1990 年《中国地震烈度区划图》，调水渠线分布在Ⅸ度区（全长约 50km）、Ⅷ度区（全长 40km）、Ⅶ度区（全长约 310km）。也就是说在Ⅷ度以上的区间渠线长达 90km，Ⅶ度以上地区长 400km。其中分布细砂层 96km，砂壤土 120km。这些砂性土层比较松散，标准贯入击数大部分小于 15 击，在地下水水位以下处于饱和状态，存在振动液化问题。

## 2.3　渠道渗漏问题

由于调水区地形南低北高，从长江至东平湖分 13 级提水送至东平湖，从而造成局部地段设计渠水位高于当地地下水水位，甚至高于两岸地面，造成渠道侧向渗漏。由于渠线位于冲积平原地貌，地形坡度小，大部分渗漏河段为双侧渗漏。初步统计渗漏渠段累计长度为 414.3km，占调水线路的 47%，其中里运河、中运河渗漏段较为集中，长为 276.8km，占渗漏段的 66.8%。

## 2.4　浸没影响问题

由于沿线长期高水头运行，渠水始终补给地下水，将使沿线的地下水水位有所抬升。导致地表未达到饱和状态，造成堤背后低洼地面渗水、潮湿，将会产生严重的浸没现象，累计长度约 150km。

由于运河水位提高，两岸地下水水位也相应壅高，从而可能导致次生盐碱化的发生。次生盐碱化主要发生在梁济运河西岸地区，约 47 万亩。

## 2.5　渗透变形问题

渗透变形主要发生在具有一定水力坡降的砂壤土及砂土层中。调水渠线水头较高的渠段分布在大汕子—宝应及邵伯—高邮一带，长约 80km，设计水位高出两岸地面 4~6m。该段渠线堤基土质主要为砂壤土、壤土，具备发生流土及管涌破坏的结构条件。

## 2.6　边坡稳定问题

按岩性将渠线边坡分为以下三类：

（1）含淤泥质软土边坡。主要分布在里运河及中运河（淮阴—泗阳）等部分河段，累计长度为 153.4km，淤泥质软土厚度一般 2~8m，最厚 11m，基本分布在水渠两侧边坡上部表层 2~4m，最高 7m，由于淤泥质软土力学性质差，具触变性、流动性，边坡稳定性差。

（2）含砂土边坡。多为二元结构，上部为黏土或壤土、下部为砂土。主要分布在中运河、徐洪河及部分三阳河段，累计长度 96km，砂层厚 2~6m，由黏性土及砂土组成的边坡最高为 8m。由于砂土无凝聚性，抗冲刷能力差，易受破坏。

（3）黏性土边坡。主要分布在中运河、韩庄运河及里运河局部，由粉质黏土、重粉质壤土组成，地质条件良好，最高边坡为 9.0m（图 6 - 3）。

## 2.7　东线穿黄工程问题

穿黄工程是南水北调向华北平原输水的关键工程，它包括南岸进口建筑物、三条内径 8.8m 的倒虹隧洞、出口建筑物及连接工程等（图 6 - 4）。

图 G-3 穿黄隧洞平面布置图

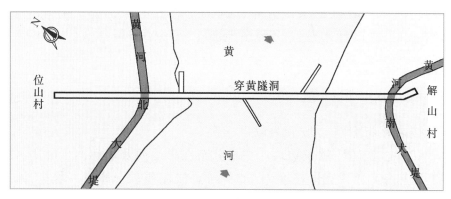

图 6-4 南水北调中线明渠典型断面

经多年勘察及勘探试验洞施工,积累了丰富的工程地质和水文地质资料以及有关岩土工程的科研试验成果。

(1)突水问题。穿黄工程隧洞在黄河底下穿越,洞身全部置于地下水水位以下,且地处岩溶发育地区,地下水活动剧烈,故施工出现涌水,势在必然。穿黄探洞施工开挖中共遇断层12条,较大溶隙13条,断裂、溶隙走向多与洞轴线近正交,且多数含水,平均25m左右即可遇到一次较大涌水。探洞施工中,总计涌水75次,累计涌水总量达3617.7m³/h,平均探洞每延米涌水约6m³,单孔最大涌水量达210m³/h。平洞段埋深约70m,涌水压力始终保持在700kPa左右。

(2)涌沙问题。勘察工作中,在60个钻孔中曾有两个钻孔在钻进过程中出现涌沙,在探洞施工中,在2号支探洞1号超前探水孔孔深 41m 处发生了一次涌沙，单孔涌水量 40m³/h，水质浑浊，其中粉砂呈悬移质，观测 2h，孔口堆积粉砂 16m³，含沙率达 20% 以上，在测流取样后，进行双液灌浆处理，共灌入水泥 103t，水玻璃 3.84t，开挖后效果良好，只有少量滴水。

（3）隧洞稳定及围岩分类。探洞围岩稳定评价采用巴顿（Barton）的 Q 系统分类法进行综合评价。将探洞围岩稳定性分为五个类别，据统计探洞围岩 A、B 类占 70%，C 类占 17%，D、E 类占 13%。

# 3　南水北调中线工程简介及其工程地质问题

## 3.1　中线工程概况

南水北调中线工程从汉江丹江口水库陶岔渠首闸引水，经长江流域与淮河流域的分水岭方城垭口，沿唐白河流域和黄淮海平原西部边缘开挖渠道，在郑州以西孤柏嘴处通过隧洞或渡槽穿过黄河，沿京广铁路西侧北上，可基本自流到北京、天津，大部分地段为明渠输水，受水区范围 15 万 km²。输水总干渠从陶岔渠首闸至北京团城湖全长 1267km，其中黄河以南 477km，穿黄工程段 10km，黄河以北 780km。天津干渠从河北省徐水县分水，全长 154km。

南水北调中线工程从汉江的丹江口水库调水，近期按正常蓄水位 170m 加高丹江口水库大坝，增加调节库容 116 亿 m³。陶岔渠首引水规模为 500～630m³/s，多年平均年调水量 120 亿～130 亿 m³。总干渠分期建设，输水方式为以明渠为主、部分管涵。全程各类建筑物 1979 个。

## 3.2　膨胀土（岩）渠坡稳定问题

根据其自由膨胀率，总干渠沿线分布的膨胀土（岩）可分为强、中等、弱膨胀性 3 种。

强、中等膨胀土主要为中更新统、下更新统黏性土，岩石主要为上第三系黏土岩、泥灰岩。黄河南岸断续分布，黄河北岸则分布于新

乡—淇县、邯郸、邢台一带，黄河南、北渠线强、中等膨胀土（岩）分布长度分别约为43km、77km。弱膨胀土（岩）虽分布略广，但由于其膨胀性小，可视作一般黏性土。强膨胀土（岩）、中等膨胀岩石的黏土矿物以蒙脱石为主，中等膨胀土则以伊利石为主。（图6-5）

膨胀土（岩）遇水膨胀后强度降低较多。由于其特殊的膨胀性，强、中等膨胀土（岩）渠坡的稳定性较差。总的来说，由中等、强膨胀土（岩）组成的渠坡需采取工程处理措施。图6-6为黄河以北膨胀土分布示意图。

### 3.3 黄土类土的湿陷性问题

总干渠沿线的黄土类土有上更新统黄土状亚砂土、黄土状亚黏土、黄土和中更新统黄土状亚黏土。黄土类土渠坡累计长度约245km。

总干渠沿线分布的黄土类土一般仅具弱湿陷性，部分具中等湿陷性，且均为非自重湿陷性。具有非自重湿陷性的黄土类土一般只分布在地表以下4～8m深度范围内。

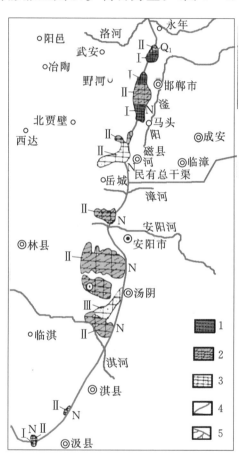

图6-5 黄河以北膨胀土分布示意图
1—强膨胀土；2—中膨胀土；3—弱膨胀土；
4—渠线；5—河流

### 3.4 软黏土问题

总干渠沿线软黏土主要分布在河南省南阳和天津干渠段。

南阳软黏土为第四系上更新统冲湖积淤泥质黏土，渠道开挖深度 8～10.4m，软黏土位于渠坡中、下部，分布长度约 4km。

天津干渠软黏土为湖沼相、海相沉积的第四系全新统黏土、壤土，渠道多为半挖半填，部分为挖方渠段，累计分布长度约 15km。

软黏土呈软—流塑状，抗剪强度低，影响渠坡稳定，或产生较大的沉降，需采取工程处理措施。

## 3.5  通过煤矿区的工程地质问题

总干渠自南向北通过河南省禹州、郑州（新郑）、焦作煤矿区和河北省邢台煤矿区。渠线经过煤矿区有三种情况：一是稳定的采空区；二是非稳定采空区；三是压煤段。采空区、压煤段的累计长度分别为 15km、83km。

研究表明：煤矿采空区地表移动的延续时间主要取决于煤层开采深度、开采面积、工作面推进速度、采煤方法及岩性，在一定的开采、岩性组合条件下，地表的移动延续时间随深度的增加而变长，一般 3～5 年可达稳定。

## 3.6  砂砾石强透水问题

沿线部分渠段 $Q_4$、$Q_3$ 土层中的砂层、砂砾石层结构较松散，具中等—强透水；第三系的砂岩、砂砾岩由于胶结差，也具中等—强透水性。有上述地层分布的渠道，依据地下水水位与渠底板的相对位置，会产生渠水外渗或基坑涌水问题。因渠道采取全断面衬砌，渠水外渗可以得到解决，但应注意地下水对衬砌的浮托作用。

## 3.7  浸没及盐渍化问题

历史上焦作南部、邢台的百泉等地曾发生过浸没和土壤盐渍化。后因工农业生产的发展，大量超采地下水，引起水位大幅度下降，浸没和盐渍化逐渐消失。目前，天津干渠霸县辛店镇以东地区，地表有轻度盐渍化现象；牤牛河东至渠尾地区，由于地势低平，地下水水位埋深浅、径流条件较差，矿化度较高。对于上述区

域，应加强渠道的防渗处理。

## 3.8 中线穿黄工程问题

穿黄工程李村线隧洞位于河南省郑州市上游约 30km 处。该工程南起 A 点，北至 S 点，总长 19.38km。工程由南、北岸渠道，南岸退水洞，进口建筑物（含斜井段）、出口建筑物（含出口竖井），穿黄隧洞段，北岸新、老蟒河交叉工程等组成。穿黄隧洞长 3.5km，双线布置，洞径 8.2m，两洞中心距离 32m。（图 6-6、图 6-7）

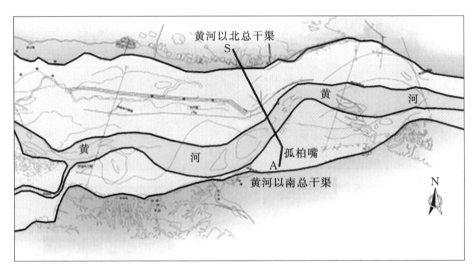

图 6-6 中线穿黄工程位置图

南水北调穿黄工程的工程地质问题主要有：建筑物的抗震稳定、地基振动液化、震陷、基础冲刷、地基承载力、不均匀沉陷，以及南岸边坡稳定、土洞稳定等问题。

目前穿黄工程有隧洞和渡槽两个比较方案，上述工程地质问题对不同的方案有不同的侧重。

隧洞方案对地质条件要求简单，抗震性能好，振动液化影响较小，震陷问题较小，无基础冲刷问题，地基承载力要求相对较低，不均匀沉陷问题相对小（荷载为线荷载，分布均匀且小），但有洞

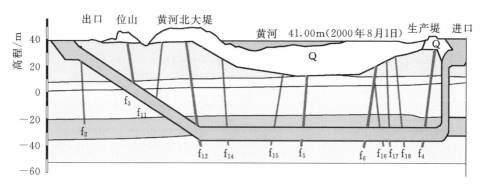

图 6-7　穿黄隧洞纵剖面图

内外的内外水压力问题。

渡槽方案对地质条件要求相对较高，抗震性能相对较差（地震加速度的放大系数），振动液化问题较大，震陷问题影响相对较大，有基础冲刷问题，地基承载力要求相对较高，不均匀沉陷相对较大（荷载分布为点荷载，不均匀且大）。

# 4　南水北调西线工程简介及其工程地质问题

## 4.1　西线工程概况

南水北调西线工程位于青藏高原东北部，是从长江上游通天河、支流雅砻江和大渡河上游筑坝建库，开凿穿过长江与黄河的分水岭巴颜喀拉山的输水隧洞，调长江水入黄河上游。调水区海拔一般在 3000~4500m，交通不便。西线工程的供水目标主要是解决涉及青海、甘肃、宁夏、内蒙古、陕西、山西等 6 省（自治区）黄河上中游地区和渭河关中平原的缺水问题。结合兴建黄河干流上的大柳树水利枢纽等工程，还可以向邻近黄河流域的甘肃河西走廊地区供水，必要时也可相机向黄河下游补水。每年可调水 170 亿 $m^3$。

南水北调西线工程调水区海拔一般在 3000~4500m，受高海拔、深切割和复杂地形的影响，空气稀薄缺氧，气压低，气温低且昼夜温差大。工程区自然环境、地质环境、经济技术环境和施工环

境都是较差的。

西线工程建设本着从低到高、由小到大、由近及远、先易后难的规划思路分期建设。按施工顺序可分为 3 段：

（1）第一期工程达一贾线。从大渡河支流阿柯河、麻尔曲、杜柯河和雅砻江支流泥曲、达曲 5 条河流联合调水到黄河贾曲，简称达一贾线，多年平均可调水 40 亿 m³。输水线路总长 260km，其中隧洞长 244km。由 5 座大坝、7 条隧洞和 1 条渠道串联而成，最大坝高 123m；隧洞最长洞段 73km。

（2）第二期工程阿一贾线。从雅砻江的阿达调水到黄河的贾曲自流线路，简称阿一贾线，多年平均可调水 50 亿 m³。输水线路总长 304km，其中隧洞 8 座，总长 288km，最长洞段 73km，大坝坝高 193m。

（3）第三期工程侧一雅一贾线。从通天河的侧坊调水到雅砻江再到黄河的贾曲自流线路，简称侧一雅一贾线，多年平均可调水 80 亿 m³。侧一雅一贾线中侧坊一雅砻江段线路长度 204km，隧洞长 202km，最长洞段 62.5km；雅砻江一黄河贾曲段线路长 304km，隧洞长 288km，最长洞段 73km。

1. 恶劣的自然环境

该区受季风气候和青藏高原地理环境诸因素影响，寒冷、低压、缺氧是区域内气候的基本特征。

（1）地区寒冷。年平均气温 3℃左右，极端最高 28～29℃，极端最低 -23～-34℃，日平均气温在零度以下时间 3.5～5 个月。这使工程技术人员外业工作时间大大缩短。

（2）气压低。引水工程所在地区海拔在 3500m 左右，年内各月平均气压最高值出现在 8—10 月，最低值出现在 2 月，最大、最小月平均气压差为 8～10hPa。

（3）含氧量小。低压缺氧问题将直接影响到人员的生活和内燃机的机械效率。四川省交通部门规定：3000m 以上地区耗油按增加 30% 计；4000m 以上耗油按增加 40% 计。

由于西部地区自然环境的特点，现场工作人员很难进行重体

力、高强度的工作，即使是机械施工其施工效率也将较内地大大
降低。

2. 复杂的区域地质环境

工程区位于巴颜喀拉山的东南部，地质条件比较复杂。复式褶
皱和断裂构造发育。断裂总体方向为 NW—SE，断层破碎带宽度
20～200m。

受印度板块俯冲的影响，青藏高原在近代一直处上升的趋势，
且为构造活动区。区内地震烈度一般为Ⅶ～Ⅷ度。部分洞段将跨越
15 条区域性活动断层，其中玉树断裂、桑日麻断裂、鄂陵湖南断
裂、甘德南断裂、鲜水河断裂等的活动性较强，对工程影响较大。

工程区地层岩性主要为三叠系浅变质砂岩、板岩，为坚硬岩—
中等坚硬岩，岩石层理发育，裂隙密集，多为碎裂镶嵌结构。洞线
以Ⅲ类围岩为主，断层破碎带和褶皱核部为Ⅳ类。

3. 落后的经济技术环境

西部大部地区目前技术经济都相对落后。首先是基础资料的缺
乏，地形资料、地质资料、水文资料、地震资料、各种相关工程地
质问题的研究都相对较少，这给工程前期工作的开展带来极大的不
便。其次是机械设备修理与配套设施较差。在前期勘探和工程施工
时，勘探机具基本上要从内地运进，路途遥远。而机械一旦出些故
障，修理、购买配件和材料都将很困难，这将大大影响勘探进度。

4. 艰苦的施工环境

由于西线工程以隧洞为主，且埋深较大，地表山高坡陡，植被
茂密，如果在隧洞线上布置一个勘探钻孔，需要首先修建一条较长
的施工公路，才能将机械设备运达孔位，且要砍伐一定量的树木。
勘探辅助工作量较大，这将大大增加勘探和施工成本。

南水北调西线工程的重要组成部分是地下隧洞，由于其所处地
理位置、气候、大地构造环境以及规模的特殊性，隧洞的工程地质
勘察将具有一定的难度。其特点与难点归纳起来如下：常规勘探方
法失效、工程地质条件复杂、前期勘测工作难、施工地质工作困
难、工程地质分析评价与决策困难。

西线隧洞工程主要工程地质问题有：活动性构造及其对洞室稳定的影响、高地应力与围岩稳定问题、高压水头引起的洞室涌水和外水压力对隧洞衬砌影响问题、碎屑流问题、外水压力与衬砌问题、洞室涌水问题、高地温问题、有害气体问题、冰冻问题等。可以说几乎隧洞工程中的所有工程地质问题在南水北调工程中都将遇到，而南水北调中的某些工程地质问题将是该工程特有的，在其他工程中不曾遇到的。

## 4.2　活动性构造及其对洞室稳定的影响问题

南水北调西线所穿越的地域属构造相对活动区，活动性构造对长大隧洞的稳定将产生一定的影响。为此在区域调查的基础上，应该分析研究活动性断层活动性，做出区域构造稳定分析，复核工程区各区段的地震基本烈度，研究大地不均匀抬升对隧洞安全稳定的影响，对跨活动性断层的洞段作出专门的稳定分析等。

## 4.3　高地应力与围岩稳定问题

由于工程区构造活动频繁，洞室埋藏较深，区域地应力较高，为此应进行现场地应力测试。对特殊洞段应进行应力场三维模型计算分析，进行洞室稳定分析与支护方式研究。

## 4.4　高压水头引起的洞室涌水和外水压力对隧洞衬砌影响问题

由于西线输水隧洞一般埋藏较深，数百米至数千米不等，因此地下水水位一般远高于隧洞高程。这样在隧洞施工中和隧洞运行时，隧洞将具有较大的外水压力。这一方面在隧洞施工时可能产生高压涌水，另一方面隧洞支护将承受巨大的外水压力。

## 4.5　碎屑流问题

西线隧洞所经过地区，相当多的洞段属砂板岩类。这种岩石一般层理发育，裂隙密集，性脆。在高应力的作用下，这种岩石在局部可能形成破碎带，变成结构松散的破碎岩体或断层。在隧洞开挖过程中，在高压水头的作用下，这种破碎岩体或断层充填物随着地下水的突然涌出可能形成碎屑流。为此在研究地下水分布规律的基础上，应研究破碎岩体和规模巨大的断层的分布位置及其性状。

## 4.6　高地温问题

西线所处地区为新构造活动区，局部可能存在高地温异常带。加之隧洞埋藏较深，地温也会大大升高。在这种高地温的作用下，岩体的性状将会发生变化，从而引起新的工程地质问题和新的工程问题。为此应进行区域地温场调查，进行现场钻孔及不同深度地温测试，研究高地温对工程建筑物与施工的影响等问题。

## 4.7　有害气体问题

西线穿越区域地层复杂多变，构造发育。在深埋岩体中可能存在有害气体。这在隧洞施工过程中将影响施工人员的安全，严重时也可影响工程安全。为此应进行区域地质环境调查，分析研究可能产生有害气体的地层及地质环境，进行现场有害气体检测和有害气体的防治。

# 5　结语

南水北调工程举世瞩目，前所未有。工程施工中所面临的工程地质问题也将是最为复杂的。通过南水北调工程西线工程的建设，从工程地质学科的角度说，应达到以下几个目标：工程地质勘察理论的突破、工程地质勘察方法的创新、工程地质条件分析评价方法的创新、工程地质决策方法的创立。

## 参 考 文 献

［1］李广诚.南水北调工程地质分析研究论文集［M］.北京：中国水利水电出版社，2001.

［2］ 李广诚. 南水北调西线隧洞工程地质勘察评价方法的思考与建议 ［J］.
水利规划与设计，2002（4）：37-41.

［3］ 王学潮，马国彦. 南水北调西线工程及其主要工程地质问题 ［J］. 工程
地质学报，2002，10（1）：38-45.

第七回

# 心系百姓，京津两地保安康
## ——河北黄壁庄水库副坝防渗墙施工地面塌陷问题

词曰：

醉七千杯，挽万里风，上赵王台。恨燕歌赵舞，不知人事，曹诗汉赋，怎解胸怀。雨散春花，浪堆夏草，似有长安倦客来。懂其意、也樽前读月，满目青苔。

与君共唱徘徊，松敲竹、叶鸣非鹤哀。是藏锋弄剑，望诸榭里，回车刭颈，老了疑猜。白骨英雄，黄沙壮士，笑尽抛金卖笑钗。君不见、又太行暮色，落水东开。

这首沁园春《醉对答古人》是一位自号淼晶阁先生所作，词中历数了燕赵大地2000年来的兴衰历史和涌现出的英雄豪杰。其中"望诸榭里"一句说的是战国时期古中山国出现的一员名将乐毅。赵灭中山后，乐毅赴燕国，曾指挥燕军连克齐国70城的故事。成为人类史上的战争奇迹，连后世诸葛亮也曾自比管仲乐毅，视乐毅为楷模。乐毅所居中山国就是今天的河北石家庄平山县一带。

2000年过去，公元1958年在这历史上名人辈出的燕赵大地上修建了一座大型水库——黄壁庄水库。当年的古战场如今已是碧水荡漾、五谷丰登的太平景象。有沙如雪先生曾作诗一首，单表这黄壁庄水库的美景：

青山叠嶂涧生岚，戏水白云享有闲。
清浅浮萍来作客，涛声一曲送君还。

河北黄壁庄水库

黄壁庄水库是位于河北省石家庄市西北滹沱河上的一座大型水利枢纽工程，总库容 12.1 亿 $m^3$。水库于 1958 年动工兴建，主坝为水中填土均质坝。工程竣工以后，水库在运行过程中屡屡发生副坝铺盖裂缝、坝顶裂缝、坝后渗透破坏和沼泽化、减压井和排水沟淤堵等问题。后在副坝曾采用坝顶组合垂直防渗进行过加固处理。

1999 年 3 月 1 日，黄壁庄水库除险加固工程正式开工建设，但从 1999 年 10 月 22 日起至 2002 年 3 月 4 日，在副坝的施工过程中共发生了 6 次塌陷。其中以 2002 年 3 月 4 日所发生的塌陷最为严重，塌坑大小平行坝轴线方向达 46.2 m，垂直坝轴线方向达 53.5m。影响范围平行坝轴线方向达 127m，垂直坝轴线方向达 79.5m，坑深达 12.1m，总方量达 3900$m^3$，使副坝开了一个大口子。

黄壁庄水库地理位置十分重要，其设计洪水比下游 25km 处的石家庄市地面高程高出 50 多 m，水库一旦失事，洪水仅需一小时就可到达石家庄，使这座具有近千万人口的政治、经济、文化、工业和交通重镇遭灭顶之灾，而且将冲毁京广、京九和津浦三大铁路干线及通信设施，淹没大港油田、华北油田等工矿，同时使下游 25 个县市、1000 多万人口、1800 多万亩耕地遭受严重灾害，并直接威胁京津两市的安全。2002 年 3 月 4 日已接近春汛来临，此次副坝塌陷事件引起了水利部领导的高度重视，如果不及时采取措施，对大坝进行安全、科学、有效的封堵，后果不堪设想。

水利部张基尧副部长亲自主抓这项工作，组织了一批国内知名水利工程专家对该问题进行会诊，笔者也有幸参与了此项工作。

解决此问题的第一步就是查明坝体出现塌陷的原因，而这个原因无疑是和地质有关，或者说坝基的地质条件肯定是造成塌陷的关键。但到底是什么样的条件引发了塌陷，塌陷产生的机理是什么，都是当时需要查清的问题。

黄壁庄水库副坝处理工程在历史上曾出现过多次塌陷，也曾召开过几次塌坑原因分析和处理方案论证会。当时认为造成坍塌的可能原因主要有以下几个方面：

（1）岩溶问题。认为基岩有溶沟、溶隙、溶洞，岩溶渗流与塌陷造成了塌坝事故。但反对者认为，在前期勘探资料中，此区岩溶并不是很发育，尤其是在基岩中绝不会存在空腔体积达几千方的溶洞。

（2）强渗漏带问题。认为在卵石层部位或基岩顶部有集中强渗漏带，渗流作用使土层中的细颗粒随着渗流流失，并逐步形成地下空腔造成塌陷。但反对者认为，渗流作用造成的细粒流失不会形成体积达数千方的空腔，且这些细颗粒流到哪里去了呢？

（3）填筑方法及用料问题。认为当年建坝时，坝体填筑主要采用水中填土方法施工，土料为轻粉质壤土，坝体局部比较软弱，其稳定性较差，造成塌方。反对者认为，坝体稳定性差产生失稳破坏的形式应该以滑移变形为主，且变形应是缓慢的，不会是突然的塌陷。

（4）造孔工艺问题。认为坝体加固时防渗墙的施工工艺和该段地质条件不完全适应，也就是说是塌孔造成的塌陷。但反对者认为该段造孔即使是完全塌落，也不会形成数千方的空间。

各种说法莫衷一是，一时难以确定。也正是由于坝体塌陷的原因不清，在防渗墙的施工中又造成了一次又一次的继续塌陷。

由于事关重大，参加此项工作的每一位领导和专家手里都捏了一把汗，深知自己肩上的责任重大。此次，笔者和全体专家一道查勘了施工现场，听取了技术人员的汇报，查阅了大量资料，详细分析了历次塌陷的过程，根据勘探资料仔细研究了该区的地质条件，

最后得出黄壁庄水库大坝防渗墙施工产生地面塌陷是在特殊的条件下发生的：特殊的地质环境（强渗流层、中粗砂层、碎石黏土层的存在）是产生地面塌陷的内因或必要条件，防渗墙施工是产生地面塌陷的外因或充分条件。两个条件只具其一，都不会产生塌陷，只有在二者共同作用下，才会产生黄壁庄防渗墙施工时的地面塌陷。

根据上述分析，提出了相应的工程处理措施：工程处理一定要首先进行渗流通道的封堵，然后再考虑其他基础处理措施。针对黄壁庄工程的特点和现状，建议在坝踵处进行防渗灌浆，封堵基岩部位溶隙溶槽等渗流通道，同时对砂砾石层中渗透性较大的部位也进行适当的处理。

依据上述方法进行施工后，工程进展顺利，且再未出现塌陷。整个工程在 2002 年汛期到来之前顺利完成，保证了大坝整体的安全，也保证了大坝下游省市和人民生命财产的安全。

与黄壁庄工程真是有缘，黄壁庄副坝塌陷处理 14 年后，笔者再次参与了黄壁庄水库另一桩抢险工作。

2016 年 7 月 21 日下午 2 时左右，时任水规总院副院长的沈凤生给我打来电话，传达水利部紧急通知，要我参加水利部专家组到河北省石家庄黄壁庄水库抢险，下午 3 时出发。据说是某位部长点的我名。军令如山，事关重大，立即行动。

我当时在办公室，回家准备行装已经来不及了。拉开文件柜，找到了一件很长时间没有穿洗过的运动衫，一双球鞋，又急忙找了几份可能用到的资料，包括 14 年前处理黄壁庄大坝塌陷的资料。我有随身携带笔记本电脑的习惯，就像士兵拿着枪可以随时投入战斗一样。我的电脑里储存了许多我日常工作和收集的各类技术资料，也包括黄壁庄资料。收拾停当，奔到楼下，坐上已经在这里等待我们的汽车，狂奔 300 多 km，直接到河北黄壁庄水库现场。

到达黄壁庄水库时，已是黄昏。省里的其他领导和专家已经先到了工程现场。我们也直接来到了大坝上。原来，今天早晨管理处工作人员在做大坝例行巡检时发现大坝上游几十米处的水面上有气泡冒出，像壶水初沸的状态，冒泡范围很大，呈条带状。这种现象是以前未曾见过的。工作人员不知其原因，更不知其可能造成的后果，急忙报告了省水利厅。水利厅领导和专家也没见过这种现象，不敢怠慢，急忙报告了水利部。于是水利部紧急组织专家来到现场对这一现象进行会诊，找出原因，预测可能产生的后果，特别是会不会影响大坝安全。

我们听取了水库管理处负责人的情况介绍，查看了现场。我又向具体工作人员了解了一些情况并听了他们的看法，我调动自己的知识储备，努力思索着产生这种奇怪现象的原因。

吃晚饭时，大家开始了非正式讨论。水利厅的一位领导知道我是搞地质的，就问我的看法。我的思路还未理清，不敢抛出自己的全部意见，只是说："具体原因现在不敢说，但是我可以给你两点预测，一是这种冒泡现象从今晚到明天会逐步减少，二是如果近日再降大雨会重新出现冒泡现象。"

当天晚上，我将自己的思路整理了一下，并写成了一份简要的技术分析报告，与同来的另外几位专家进行了交流。当晚专家组形成了一个初步意见当夜报告水利部——结论是大坝安全！

第二天上午，我们再次到坝前观看库水冒泡情况，果然冒泡现象已经大为减弱。随后，我们在水库管理处监控中心召开会议，讨论黄壁庄水库冒泡问题，大家各抒己见，最后形成了一个报告，此问题也告一段落。

但我一直关心着黄壁庄水库冒泡的后续情况。我当时给出了两个预测，第一个预测已得到验证，但第二个预测是否正确呢？这关系到我的一套分析理论及处理措施是否正确。但是从2016年7月21日以后，黄壁庄地区再没有下过一场像样的雨，我的预测也就很难说是否正确了，为此心中还多少有些遗憾！

千百年来，人类为了与洪水作斗争，在大小河流上修建了数万座的水库。这些水库给人类在防洪、灌溉、发电等方面带来福利的同时，每座水库实际上也都是一颗定时炸弹，一旦失事其危害不小于原子弹的爆炸。

1975年8月，由于超强台风导致的特大暴雨引发淮河上游大洪水，河南省驻马店地区包括两座大型水库在内的数十座水库漫顶垮坝。石漫滩、田岗水库垮坝，澧河决口，流域内洪峰齐压驻马店全区，老王坡蓄洪区相继决口。8月8日1时，驻马店地区板桥水库漫溢垮坝，6亿多 $m^3$ 洪水，五丈多高的洪峰咆哮而下，同期竹沟中型水库垮坝，薄山水库漫溢，另有58座小型水库在短短数小时间相继垮坝溃决。河南省29个县市、1100万人受灾，具有关报道死亡人数达23万之多，1700万亩农田被淹，其中1100万亩农田受到毁灭性的灾害，倒塌房屋596万间，冲走耕畜30.23万头、猪72万头，纵贯中国南北的京广线被冲毁102km，中断行车18天，影响运输48天，直接经济损失近百亿元。此事史称"75·8"大洪水。

水库中最为重要的建筑物是大坝，大坝的安全历来是各国政府和有关技术人员最为关注的事。而影响大坝安全的因素多种多样，表现的现象也各有不同甚至稀奇古怪。湖南江垭水库大坝在建成蓄水后出现了一件怪事，一般来讲大坝建成后受重力的作用会或多或少地出现沉降现象，但江垭大坝蓄水后不降反升，所有技术人员都没见过这种现象，查阅技术文献也未见记载。这种离奇现象产生的原因到底是什么呢？欲知后事如何，且听下回分解。

# 黄壁庄水库副坝防渗墙施工地面
# 塌陷原因分析*

【摘　要】　黄壁庄水库在除险加固副坝防渗墙施工过程中，共发生了 6 次地面（大坝）塌陷，严重影响了施工进度和工程安全。本文结合库坝区地质资料，系统分析了产生塌陷时的各种现象和特征，从而得出黄壁庄水库大坝防渗墙施工产生的地面塌陷是特殊的地质环境和防渗墙施工二者共同造成的结果，同时也提出了塌陷产生的步骤和塌陷处理的基本原则。

【关键词】　黄壁庄水库　病险库　坝体塌陷　原因分析

## 1　工程概况

黄壁庄水库位于河北省石家庄市西北约 30km，是海河流域滹沱河上的一座大型水利枢纽工程，地理位置十分重要。其设计洪水位比下游 25km 处的石家庄市地面高程高出 50 多 m，水库一旦失事，后果不堪设想。水库总库容 12.1 亿 $m^3$。水库的任务以防洪为主。水库 1958 年动工兴建，1960 年蓄水，1965 年扩建，至 1968 年达到现规模。主坝副坝均为水中填土均质坝。主坝顶长 1843m，最大坝高 30.7m；副坝顶长 6907.3m，最大坝高 19.2m。

工程竣工后，水库在运行过程中屡屡发生副坝铺盖裂缝、坝顶裂缝、坝后渗透破坏和沼泽化及减压井排水沟淤堵等问题，因此黄壁庄水库被列为全国首批 43 座重点病险库之一。虽然进行过多次加

---

*　此文发表在《水利技术监督》，2003 年第 11 卷第 2 期，43 - 47 页。

固处理，但基本上都属于应急抢险和维修性质，未从根本上解决黄壁庄水库所存在的问题。

副坝是黄壁庄水库现有建筑物中存在问题最多、危险性最大的建筑物。经过论证分析和方案比较，副坝采用坝顶组合垂直防渗方案进行加固处理。即结合坝顶裂缝处理，将坝顶临时下挖一定的深度形成足够宽度的工作面（施工平台），然后向下做一道防渗墙，垂直贯穿坝体和坝基覆盖层进入基岩一定深度，改水平防渗为垂直防渗，截断危险地段的坝基渗流，避免坝基和坝后渗透破坏，消除铺盖裂缝、坝顶裂缝对坝体自身安全的威胁，以解决副坝存在的问题。

## 2 历次塌坑的基本情况

1999 年 3 月 1 日，黄壁庄水库除险加固工程正式开工建设。1999 年 10 月 22 日至 2002 年 3 月 4 日，工程副坝的施工共发生了 6 次塌陷。历次塌陷发生的时间、塌坑中心桩号、标段及槽孔位置、塌坑大小、塌坑影响范围、地表塌陷深度、坍陷方量等见表 7 - 1。塌陷的平面位置图和剖面位置图如图 7 - 1、图 7 - 2 所示。

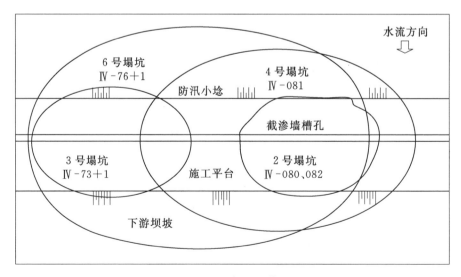

图 7 - 1 塌陷平面位置图

表 7 - 1　历次塌坑的基本情况

| 塌坑编号 | 塌陷时间 | 塌坑中心桩号 | 标段及槽孔位置 | 塌坑大小 | | 塌坑影响范围 | | 地表塌陷深度/m | 坍陷方量/m³ |
|---|---|---|---|---|---|---|---|---|---|
| 1 | 1999年10月22日10时30分 | 4+316.3 | 第Ⅳ标段106号槽孔 | 平行坝轴线方向：30.5m | 垂直坝轴线方向：22.5m | 平行坝轴线方向：83.5m | 垂直坝轴线方向：33.2m | 5.2 | 732 |
| 2 | 2000年5月22日 | 4+130.7（距1号塌坑中心185.6m） | | 平行坝轴线方向：40.00m | | 平行坝轴线方向：100m | | 5.8 | |
| 3 | 2000年9月3日15时45分 | 4+062.7（距1号塌坑中心253.6m，距2号塌坑中心68m，） | 第Ⅳ标段73+1号槽孔 | 平行坝轴线方向：10.5m | 垂直坝轴线方向：10.3m | 平行坝轴线方向：50.8m | 垂直坝轴线方向：31.5m | 7.3 | |
| 4 | 2001年5月1日21时 | 4+126.7（距2号塌陷中心4.0m） | 第Ⅳ标段081号槽 | 平行坝轴线方向：34.8m | 垂直坝轴线方向：30.6m | 平行坝轴线方向：96.8m | 垂直坝轴线方向：66.9m | 8.78 | 2500 |

续表

| 塌坑编号 | 塌陷时间 | 塌坑中心桩号 | 标段及槽孔位置 | 塌坑大小 | 塌坑影响范围 | 地表塌陷深度/m | 坍陷方量/m³ |
|---|---|---|---|---|---|---|---|
| 5 | 2001年10月5日 | 2+848和2+861 | 第Ⅲ标段 02号槽和04号槽 | 02号槽孔处 平行坝轴线方向：13.3m 垂直坝轴线方向：15.5m 04号槽孔处 平行坝轴线方向：9.0m 垂直坝轴线方向：6m | | 3.0~3.5 | |
| 6 | 2002年3月4日 | 4+088.7 | | 平行坝轴线方向：46.2m 垂直坝轴线方向：53.5m | 平行坝轴线方向：127m 垂直坝轴线方向：79.5m | 12.1 | 3900 |

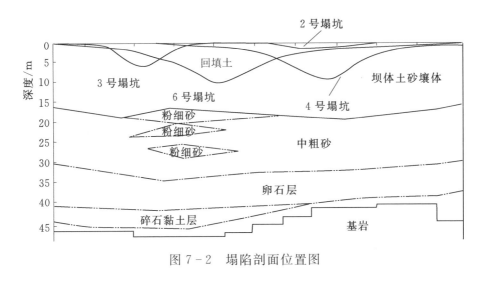

图 7 - 2  塌陷剖面位置图

## 3  副坝工程地质条件

副坝混凝土防渗墙施工中出现坍塌后，为查明塌陷范围地质情况进行了勘探试验工作。

### 3.1  地层岩性

黄壁庄水库副坝坝基由第四系各种成因类型的堆积物构成，最厚达 70m。覆盖层为 4 层结构，由上至下分述如下。

（1）壤土层（$alQ_4$）。坝体及地基均为此层。该层自施工平台高程 127.00m 算起厚度 22～23m，层底高程 104.00～105.00m，以轻粉质壤土为主，局部为中、重粉质壤土，湿，可塑—软塑。塌坑发生后地质勘探表明，该层底面最大下陷深度在 2 号塌坑部位，为 10.2m。

（2）砂层（$al+plQ_3$）。灰白色，上部中砂，下部粗砂，局部夹有细砂、壤土及粉土透镜体。层厚 15.5～16.7m，层底高程 87.20～91.70m。塌坑发生后该层厚度明显变薄，顶板塌落，靠近上部土层部位含大量土颗粒，流失和扰动严重。2 号塌坑部位夹有

厚 3.4m 的细砂,底板高程 103.5m,为稍密状,塌坑后细砂层底面最大下陷深度 10.2m,变为松散状;所夹粉土层也见明显的流失及扰动迹象。

(3) 卵石层 ($al+plQ_3$)。为稍密—密实状,卵石一般粒径 2~8cm,最大 30cm,磨圆中等,分选性差,中粗砂含量 20%~25%,局部含砂量低。勘探中有漏浆现象。塌坑后勘探成果说明,该层顶面未见下陷,卵石层的级配、充填状况及层位与初设勘探阶段勘探资料吻合,没有发现扰动迹象。由于卵石层上部砾石层断续分布,造成局部地段上部砂层与卵石层直接接触,二者平均粒径相差较大,在渗水压力作用下,上部砂层有向卵石层充填的可能,造成砂层松散,影响地基稳定。

(4) 碎石黏土层 ($al+plQ_3$)。基岩顶部断续分布含碎石红黏土,可视为相对隔水层。基岩与卵石层或含碎石红黏土接触带漏浆现象严重。

此区基岩为硅质灰岩及大理岩(Pt),灰白色,以弱风化为主,桩号 A4+255~A4+305 段分布厚 3~6m 的全强风化岩。节理裂隙发育,局部发育溶洞及溶隙。勘探范围内可见最大溶洞洞径 1.2m,无充填物,存在较严重透水带。1 号塌坑部位在强风化岩中夹有厚度约 4m 的囊状全风化。

## 3.2　水文地质条件

壤土、砂壤土层渗透系数 $K=8\times10^{-7}~3\times10^{-6}$ cm/s。

砂层渗透系数 $K=10~20$ m/d。砂砾石层厚度变化较大,与下伏卵石层断续接触,砾砂渗透系数 $K=30~50$ m/d。

卵石层厚度较稳定,一般 20~25m,由坝前到坝后分布连续,渗透系数 $K=80$ m/d。其中桩号 A1+147~A5+260 段,高程 77.00~92.00m 是集中渗漏带,渗透系数 $K=130~160$ m/d,局部达 450m/d,且施工中漏浆量大。

硅质灰岩及大理岩一般为微透水层,但其渗透性极不均一,且规律性差。但基岩顶部与覆盖层接触带渗透性较强,硅质灰岩溶蚀及裂隙发育地段漏水严重，为较严重透水带。

历次试验成果证明，集中渗漏带的渗透性比一般砾卵石层要大得多。采用物探方法测定地下水流向流速，桩号 A1＋000～A4＋000 段地下水流速为 33m/d，桩号 A4＋000～A6＋000 段地下水流速为 20m/d。

根据地下水动态特征及物探成果分析，地下水汇流区位于下游古贤村—古运粮河。古贤村—古运粮河段的汇流是造成该区铺盖裂缝密集的原因之一。

## 4　地面塌陷原因分析

塌坑和塌坝的发生，不仅严重影响了工程的施工进度，而且威胁着水库防洪安全和防渗墙施工安全，引起了有关部门的高度重视，而首先查清产生地面塌陷的原因是工程处理的关键，为此，先后召开了几次塌坑原因分析和处理方案论证会。当时认为造成坍塌的可能原因主要有以下几点：

（1）岩溶问题。认为基岩有溶沟、溶隙、溶洞，岩溶渗流与塌陷造成了塌坝事故。但反对者认为，在前期勘探资料中，此区岩溶并不是很发育，尤其是在基岩中绝不会存在空腔体积达几千立方米的溶洞。

（2）强渗漏带问题。认为在卵石层部位或基岩顶部有集中强渗漏带，渗流作用使土层中的细颗粒随着渗流流失，并逐步形成地下空腔造成塌陷。但反对者认为，渗流作用造成的细粒流失不会形成体积达数千立方米的空腔，且这些细颗粒流到哪里去了？

（3）填筑方法及用料问题。认为当年建坝时，坝体填筑主要采用水中填土方法施工，土料为轻粉质壤土，坝体局部比较软弱，其稳定性较差，造成塌方。反对者认为，坝体稳定性差失稳破坏的形式应该以滑移变形为主，且变形应是缓慢的，不会是突然的塌陷。

（4）造孔工艺问题。认为坝体加固时防渗墙的施工工艺和该段地质条件不完全适应，也就是说是塌孔造成的塌陷。但反对者认为

该段槽控即使完全塌落，也不会形成数千立方米的空间。

各种说法莫衷一是，一时难以确定。也正是由于坝体塌陷的原因不清，在防渗墙的施工中又造成了一次又一次的继续塌陷。

任何事情的发生都有其必然的原因。对于黄壁庄水库坝体塌陷问题可以采用由结果推测原因的方法进行分析。

综合分析黄壁庄水库的工程地质条件和地面塌陷时的特征，塌陷原因分析见表 7-2，塌陷步骤如图 7-3 所示。

表 7-2　　　　塌陷原因分析表

| 序号 | 现　象 | 原　因 |
|---|---|---|
| 1 | 大坝防渗墙施工时产生突然的地面塌陷 | 地下必然有一个较大的空洞 |
| 2 | 塌陷的范围平面上呈椭圆形，平行于槽孔展布 | 塌陷必然与施工有关 |
| 3 | 砂砾石层未发生位移 | 塌落坑在砂砾石层以上 |
| 4 | 大部分漏浆段位于砂砾石层与基岩接触带附近或基岩内 | 漏浆段在基岩表面或基岩中 |
| 5 | 槽孔施工中发生泥浆快速流失 | 地下发育有强渗流通道 |
| 6 | 槽孔施工中泥浆流失具有突发性 | 槽孔突然击穿某一相对隔水的地层，瞬间沟通岩溶层 |

## 5　塌陷步骤

在上述分析的基础上，结合该处地质特征及施工过程，可以得出黄壁庄水库大坝防渗墙施工产生地面塌陷是按下述步骤发生的：

（1）防渗墙施工造孔。

（2）槽孔打穿碎石黏土层，槽孔中的水与基岩中的岩溶通道沟通。

（3）槽孔内出现漏浆，槽孔内水位（浆面）急剧下降。

（4）槽孔外地下水水位高于槽孔内水位（浆面），对槽控形成负压，负压的作用使槽孔固壁泥皮脱落。

（5）槽孔上部的砂壤土、中砂层在地下水渗流的作用下，开始塌孔。

142

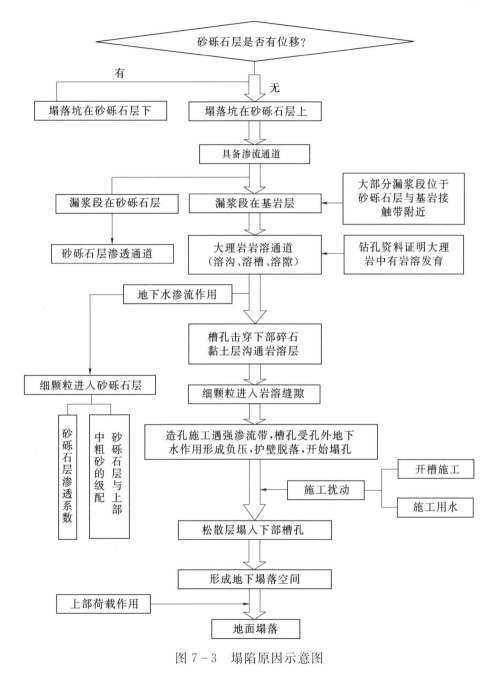

图 7-3　塌陷原因示意图

（6）塌落的沙土，部分在渗流作用下通过岩溶溶隙、溶孔流失，部分塌入槽孔中。

（7）砂土大量塌入槽孔，使槽孔迅速在砂壤土和中砂层部位形成较大的空腔。

（8）空腔达到一定量时，在上部荷载的作用下，产生地面突然塌陷。

上述塌陷步骤如图 7-4 所示。

综上所述，可知黄壁庄水库大坝防渗墙施工产生地面塌陷是在特殊的条件下发生的。特殊的地质环境（强渗流层、中粗砂层、碎石黏土层的存在）是产生地面塌陷的内因或必要条件，防渗墙施工是产生地面塌陷的外因或充分条件。两个条件只具其一，都不会产生塌陷，只有在二者的共同作用下，才会产生黄壁庄防渗墙施工时的地面塌陷。

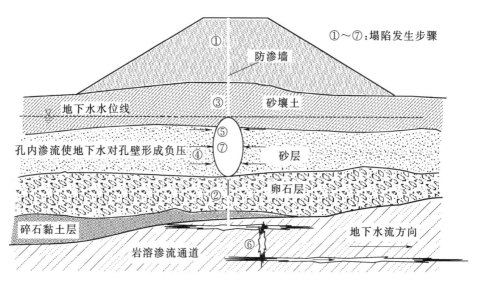

图 7-4  塌陷步骤示意图

# 6  地面塌陷的工程处理措施

综上所述，坝基存在渗流通道是造成槽孔和地面塌陷的根本原因，这种渗流通道不一定需要多大的规模，只要连通性较好、透水性较强就够了，如相互连通的溶隙、溶槽等。因此工程处理一定要首先进行渗流通道的封堵，然后再考虑其他基础处理措施。针对黄壁庄工程的特点和现状，建议在截渗墙下游首先进行防渗灌浆，封堵基岩部位溶隙溶槽等渗流通道，同时对砂砾石层中渗透性较大的部位也进行适当的处理。

工程处理措施包括防渗墙施工防坍塌超前处理和坝基坝体加固处理两部分。

（1）防渗墙施工防坍塌超前处理曾做过几个方案的比较，包括充填灌注桩法、旋挖灰浆法加预灌浓浆法、孔口封闭灌浆法等。经多种因素比较，选用了充填灌浆法，这种方法既能防止砂层流失，又能确保钻孔有足够大的孔径对岩溶洞穴进行有效的填料封堵。

（2）坝基坝体加固处理的比选方案有旋喷桩方案、振冲桩方案、高压灌浆方案等。经比较最终选择了局部挖除和振冲桩加固方案。

# 7　结语

我国在 20 世纪 50—60 年代大规模修建的水库，大多已运行了四五十年，这些水库现在都已到了需要全面检修的年龄。同时由于历史原因，有些水库在修建之初就存在着一些隐患。因此，最近几年病险库的除险加固将是水利工作的一项重要内容。

病险水库的勘察、处理不同于新建水库，它具有其特殊性。通过黄壁庄工程我们应有以下几点认识：①应该研究制定针对病险水库的规范勘察程序和方法；②病险水库的勘察处理一定要密切结合本工程的特点，并采取有效的勘察手段找到问题的症结；③针对不同的地质条件和工程条件应采取适宜的工程措施；④在进行加固处理的过程中，由于工程施工等外界影响，可能会诱发新的工程地质问题或工程问题。

# 8　补记

　　此文写完后，于 2002 年 11 月 12 日作为特邀报告在中国水利学会勘测专业委员会上宣讲。报告刚刚做完就有人告知，黄壁庄水库副坝于 11 月 11 日再次塌方，塌坑深度为 11m，方量超过 2000m³。后经询问有关技术人员，其原因是大坝在做岩溶堵漏施工中，将堵漏位置设在了截渗墙上游，没有截断防渗墙槽孔通过岩溶向下游渗漏的通道。根据本文分析的塌陷原因，黄壁庄副坝施工再次产生塌陷就成必然了。

**库回深读 2**

# 黄壁庄水库坝前冒水原因分析*

## 1　冒水现象描述

2016 年 7 月 19—20 日，河北石家庄地区出现强降水，黄壁庄水库库水位在 48 小时之内骤升 8.55m。21 日晨 8 时许，水库巡查人员在水库内多处发现冒水冒气现象。

据现场观察，冒水点具有以下特征：

（1）多集中在水库副坝桩号 5＋000～5＋500 处，其他处有零星分布。

（2）多数冒水点分布具有明显的线性特征，且与坝脚线平行。

（3）远离此线性分布段，库内也有冒水点但分布不规则，一般在距坝脚 200m 左右的范围内。

（4）冒出的水具有一定的压力，形成自下而上翻花的状态。水冒出时带有气体，形成水泡。

## 2　原因分析

1. 初步判断

（1）冒水具有一定的承压性，有观点认为此为承压水。但承压水的存在要具备两个条件：一是在库内覆盖层中要有相对隔水层存在且在相当大的范围内连续；二是要有一个远程的补给水源。但从现场地形地质条件看，很难形成这样的条件。

---

*　此文为黄壁庄水库坝前出现冒水现象后，笔者赴现场处理问题时编写的技术分析报告。

（2）冒水点线性分布明显，且平行于坝脚线，因此其成因一定与工程建筑物有关。

2. 进一步分析

通过观察和工程介绍，可做出如下分析：

（1）黄壁庄水库副坝上游坝坡做了防护，上半部分为干砌石，下半部分为浆砌石或素混凝土勾缝。干砌石与浆砌石连接处有一低矮挡墙（图 7-5）。此坝段在 1981 年曾做过水平黏土铺盖，其分布范围为桩号 4+900～5+600（图 7-6）。

干砌石

浆砌石

图 7-5　大坝上游坡面浆砌石与干砌石护坡

（2）降雨后，干砌石段的雨水渗入坝体，其必然要有一个排泄的通道。因为坝体前期已做了截渗墙，截断了向下游的排泄通道，渗入水体只能向上游排泄。又因坝体下部做了浆砌石护坡，挡住了排泄通道，水体只能继续向下从浆砌石护坡的前缘 A 点冒出，在水库表面形成冒水（图 7-7）。这样就有了明显的沿坝脚（浆砌石前缘）线性分布的特征。因坝体的空隙中有空气，所以在水冒出的同时将气体带出，形成气泡。

（3）库盆近坝处在建坝时有黏土铺盖，铺盖宽度约 200m。浆砌石坡面前缘如果与黏土铺盖连接良好，此处的渗流通道也被关闭，渗入水只能继续向库内前行，直到在黏土铺盖边缘或有"天

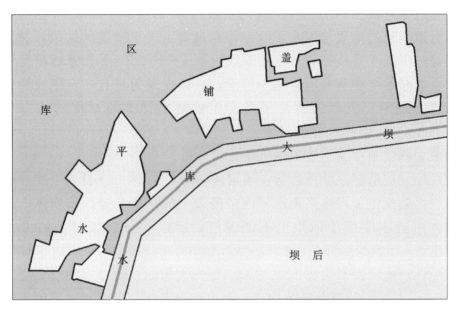

图 7-6 副坝区桩号 4+900～5+600 黏土铺盖分布图

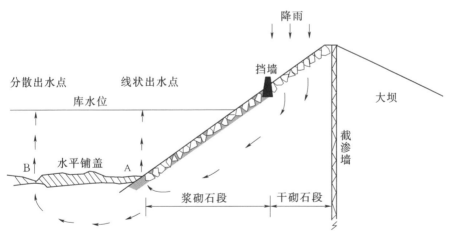

图 7-7 黄壁庄水库坝前冒水原因分析示意图

窗"的部位或薄弱环节涌出（B点）。这种冒出点随机分布，这与现场观测到的现象一致。

（4）黏土铺盖的设置，起到了压覆坝体内水体外排作用。未设铺盖的地段，排泄水与库底壤土层（即天然铺盖）直接沟通，该地

层具有相对较强的透水性（渗透系数约为 $n\times10^{-4\sim-5}$），渗出的水体分散地通过地层与库水汇合。而在设置了人工铺盖的区段，黏土层经过碾压渗透性很弱（渗透系数约为 $n\times10^{-7}$），渗出水体排泄不畅，其必然要在薄弱地方集中排泄，从而表现为具有一定压力的冒水冒气现象。而薄弱部位最易产生处就是铺盖与坝体的结合部位（A点），因此这样的冒水点形成了平行坝脚的线性排列。而其他薄弱部位则在黏土铺盖中呈散点状分布。

（5）产生冒泡原因的另一因素是，库水在18—19日内上涨速度过快，盖压住了坝体浆砌石下面或铺盖中的排水通道。因坝体内的水体渗流速度低于库水上涨的速度，所以其只能以冒水的方式冒出。

（6）此段副坝坝高 17m 左右，渗入大坝的水体形成的水头应该在 10m 左右，随着时间的推移，水头逐步降低，且在经过坝体渗流过程中水头又会有所损失，所以冒出水的水压力并不是很大。

（7）蓄水过程中，库水填充坝体内的空隙，并给空隙内的空气形成压力，压力增大到一定程度，气体爆出，形成气泡。气体释放后，库水继续充填空隙，再次逐步增加压力，再次爆出。这是水气冒出具有间歇性特征的原因。

（8）冒水点的形成，与上部干砌石、下部浆砌石的分布有关，与浆砌石区封闭程度有关，与黏土铺盖的分布有关，此区段恰恰具备上述几个条件，故形成了冒水。冒水区以西坝段，局部虽也曾做过铺盖，但该区段坝体未做截渗墙，不具备上述封闭条件，故不会形成冒水现象。

（9）防汛调度指挥中心大楼前，库水也有冒泡现象。这里在楼前广场外侧有草地花坛，具备雨水入渗坝体的条件，也可在坝前形成冒水。

# 3　预测与疑问

如果上述机理成立，应该有以下几种现象：

（1）因为坝体内渗入的水体水量有限，随着时间的推移，冒水现象会逐步减少减弱。这点据今天（22 日）的观察已得到证实。

（2）据资料，冒水区段以东坝段也有局部做了铺盖，其地面高程较低，且一直淹没在水下，该区段是否有冒水现象需要查证。如果没有，需要分析原因。

（3）冒水点与坝体干砌石、浆砌石和黏土铺盖层的分布等有关，应查对黏土铺盖的分布、护坡段的分布以及施工时间、施工方式等资料，以进一步印证上述论断正确与否。

## 4　对大坝安全的影响

基于以上分析和现场观测，渗出的水为清水，坝体亦无其他异常现象，因此判断目前其不会影响大坝安全。

# 第八回

# 破解谜团，离奇大坝自抬升

## ——湖南江垭水库大坝抬升原因分析

诗曰：

君住澧水北，我家澧水西。两村辨乔木，五里闻鸣鸡。

饮酒溪雨过，弹棋山月低。徒闻蒋生径，尔去谁相携。

列位看官，此诗乃是唐朝大诗人岑参所作《澧头送蒋侯》。诗中所说的澧水位于湖南省西部，古称澧州，即今澧县。澧水是四水竞流芙蓉国里一片神奇的土地，也是一个诗的国度。自从伟大爱国主义诗人屈原在澧水畔行吟高唱"沅有芷兮澧有兰"以来，虽经过

湖南江垭水电站大坝

了 2000 多年的时空变换，但历朝历代的文人骚客和士绅显要，为澧浦之地吟诗作赋、歌咏叹唱的热情不减，新篇不断！正所谓"一从屈子赋芷兰，便有澧咏篇连篇"。清道光元年（1821 年），时任澧州知州的安佩莲在他的《续修〈澧州志林〉序》一文中写道："忆未履任时，即念澧自《禹贡》得名，而后香吟兰草，美冠南州，三闾、柳州早推为湖天胜地。"清代广东香山名儒刘鹤鸣则说，澧浦之地历来是个"往来迁客风前雁，放旷骚人水上凫"的地方。晚清宋诗派大家何绍基，则据此吟颂："澧兰沅芷湘江竹，楚国芬芳万古情！"因此，古人赞誉："澧浦之地，乃诗书礼仪之邦。"

21 世纪初，在这人灵地杰的澧浦之地修建了江垭水利枢纽，建坝拦洪，蓄水发电，造福百姓。离奇的是自从这个大坝建成蓄水以后，大坝竟会自动向上抬升，蓄水越高，抬升越大，水位回落，坝体也随之下落。本来根据重力原理，大坝修建后，在坝体自身的重力作用下，坝体或多或少下沉才符合常理，中外修建的多少大坝无不遵循这一规律，但江垭大坝却与众不同不降反升。真乃工程界的一件奇事也。

2000 年秋，笔者调入水利部水利水电规划设计总院勘测处工作不久，在山东参加中国水利学会勘测专业委员会年会。会上，工程地质学界的老前辈湖南省水利厅年逾古稀的金德濂总工作了一个关于江垭工程的报告，报告中提到了江垭大坝抬升问题。最后金总说"到现在为止，大坝抬升的原因尚不清楚。在座各位如有良策，我们恳请能不吝赐教，我们希望得到帮助。"

会下我找到了金总仔细了解了一下江垭的情况，并把此事记在了心上。

多年来的地质工作，我一直喜欢琢磨那些复杂的工程地质问题，越难、越有挑战性，越斗志昂扬。回到北京一段时间后，我给金总打电话，提出想与中国科学院地质研究所共同承担此课题。几天后金总给我回电话，说江垭水利枢纽的业主——澧水开发公司听说我单位与中国科学院地质研究所都是国内顶尖的单位，立即同意我们承担这一课题。

2001年5月中旬，我们在完成部分分析成果的基础上，召开了一次咨询会。此次会议邀请了数位国内知名专家，包括两位工程院院士、两位勘察大师、四位博士，其他也都是国内工程地质学界的大家，其阵容可谓强大。我出任专家组组长。

会议讨论得分外热烈，首先大家列出了可能产生大坝抬升的各种原因，包括构造应力、承压水、地温差与变形、地应力、膨胀性矿物等。

王三一院士认为：观测资料非常丰富，资料分析得很好。他关心的是变形会不会继续增大？各点之间有无差异变位？坝本身有无差异变形？坝下岩体多了一块浮托力，其稳定性如何？有无可能沿着反倾向的结构面失稳？他认为，目前坝体是安全的，变形趋于平缓。

徐瑞春大师认为：抬升现象是岩体变形，而不是脱空变形。应该蓄水，让它正常工作，工作中加强观测。

德高望重的金德镰总工认为：承压水是从上游来的，从破碎层来的。帷幕防渗效果好，其也造成坝基山体承压的主要条件之一。

王思敬院士认为：变形产生的原因是承压水产生的浮托力。变形是一个整体的抬升，变形是均匀的，帷幕后的扬压力无大的变化。大坝目前是安全的。从目前资料看，温度的影响没有参与岩体变形。岩体发展趋势是趋于稳定的，最大可以估计为40mm。

我所给的模型是——江垭大坝一只船。其要点是：①坝区存在两个U形管，坝底管使大坝产生一个恒定变形，坝外管使大坝产生随库水水位变化的变形；②坝体压重——扬压力平衡；③中间压重小，两端压重大，造成变形中间大，两边小；左岸大，右岸小；④应对水压力、岩层分布与变形范围做相关分析。

会议讨论的结论是：①主要原因是承压水压力；②水库可以蓄水，工程是安全的；③蓄到236m水位后再进一步研究该问题。

讨论结束后，形成了咨询意见。晚上进餐时，澧水公司的唐总操着浓重的湖南口音对我说："李处长，你们的咨询给我们解决大问题了。我没想到你们是这样搞咨询，我要知道是这样咨询，即使付给你们双倍的费用我们也乐意。"他告诉我以前他们曾邀请过其他单位咨询，但大都是走过场，说一些原则性的话，实用性很差。

此后澧水公司又做了其他一些工作。后来江垭水利枢纽顺利通过了蓄水安全鉴定，大坝正常蓄水。澧水公司的领导后来给笔者打来电话一再表示感谢，说我们当时的咨询为澧水公司提供了一个很好的基础，使得他们的后续其他工作得以顺利进行。笔者也为我们解决了几年内悬而未决的技术难题，并使一个大坝投入正常运行感到非常欣慰。

几年后，笔者又到过江垭，进一步了解大坝的运行情况。从长期运行观测资料看，江垭大坝的抬升幅度在我们原来估计的范围之内。

# 湖南省江垭近坝山体抬升问题咨询意见<sup>*</sup>

　　湖南省江垭水利枢纽位于湖南省慈利县境内澧水一级支流娄水的中游，是一座以防洪为主，兼有发电、灌溉、供水、航运等综合效益的工程。水库正常蓄水位 236.00m，下游尾水位 125.00m，大坝为碾压混凝土重力坝，最大坝高 131m，坝顶总长 368m，地下厂房装机总容量为 300MW。

　　主体工程于 1995 年开工，1998 年 10 月水库下闸蓄水，1999 年 5 月第一台机组发电。2000 年 11 月，水库蓄水位上升到 235.94m，并在 230.00m 以上持续 106 天，在 233.00m 以上持续 81 天。经观测，水库在蓄水运行过程中，大坝及两岸山体发生了不同程度的抬升，其中两岸坝肩山体最大抬升值 19.08mm（BM05JY），坝内灌浆廊道最大抬升值为 32.6mm（LD7 - 1）。坝区山体在蓄水后产生如此普遍的抬升现象，在国内外极为罕见，备受各方关注。

　　针对坝区岩体抬升的异常问题，水利部湖南省澧水流域水利水电综合开发公司（以下简称"澧水公司"）组织有关勘测设计和科研单位做了大量的勘察、观测和研究工作，取得了丰富的资料，并进行了较为深入系统的分析。受澧水公司的委托，中国江河水利水电咨询中心组织有关专家于 2001 年 5 月 10—13 日在湖南省江垭召开会议，就江垭水利枢纽大坝及近坝山体抬升问题进行了技术咨询。专家组查看了现场，分别听取了湖南省水利水电勘测设计研究院、长江委综合勘测局、长江委设计院和中国科学院地质研究所对

---

　　* 此文为笔者任专家组组长主笔编写的《湖南省江垭近坝山体抬升问题咨询意见》。之后笔者与他人合作写有论文 The uplift mechanism of the rock masses around the Jiangya dam after reservoir inundation，China，发表在 International Journal of Engineering Geology，2004，volume 76，p. 141 - 154。

有关地质、监测以及专题研究情况的汇报，查阅了有关资料，并进行了认真的讨论。现提出主要咨询意见如下。

# 1　地质背景

经过勘测期间大量的勘察研究工作和施工期的地质编录工作，枢纽区的地质环境、地质结构和坝基岩体结构、地应力场、地下水渗流场及温度场等条件基本清楚，勘测资料丰富，为分析研究水库蓄水后坝区岩体抬升问题奠定了坚实的基础。

（1）坝址区位于新华夏系北东东向构造江垭向斜的北西翼。库坝区附近无活动断裂和孕震构造，区域构造稳定性好，经国家地震局有关部门鉴定，工程区地震基本烈度为Ⅵ度。

（2）坝址区及附近出露的主要地层自老至新为中志留系至中三叠统巴东组碎屑岩和碳酸盐岩，江垭水利枢纽坝区岩层及其隔水特征见表 8-1。

（3）坝址区岩层为单斜构造，产状 N40°～70°E/SE∠30°～45°，平均倾角 38°，岩层走向与河流流向近于正交，倾向下游。

区内断裂不发育，共见 19 条断层，规模不大，延伸不长，多局限于某一岩层内发育，终止于夹层附近。除 $F_{11}$ 外，多数断层长仅 50～150m，破碎带宽小于 0.6m，错距小，且这些断层多胶结不良，沿其往往形成溶隙。

裂隙发育有 6 组，以 NE～NEE 向最为发育，高倾角为主。

坝基岩体内层间剪切带较发育，共见 19 层，多沿灰岩与页状滑石灰岩的接触面形成，主要见于 $P_{1q}^1$ 和 $P_{1q}^4$ 岩组内。一般厚 0.1～0.4m，有时面上有泥化现象，常构成沿层面的渗水通道，但垂直层面的渗透性差，常形成阻水界面。

（4）坝址区位于江垭向斜储水盆地的北西翼，由于难溶岩、不溶岩和易溶岩相间分布，因此形成了含水层与相对隔水层相间分布的多层水文地质结构（见表 8-1）。坝区岩溶主要发育于上部和下部岩溶含水层中，岩溶形态以层面溶隙和构造溶隙为主，管道状溶

表 8 - 1　　　　江垭水利枢纽坝区岩层及其隔水特征表

| 地层时代 | | 厚度/m | 出露位置 | 岩性特征 | 隔水特征 | 备注 |
|---|---|---|---|---|---|---|
| 下中三叠统 | 嘉陵江组（$T_{2j}$） | 1160 | 坝下游1000m外 | 石灰岩、白云岩 | 岩溶含水层 | |
| | 大冶群（$T_{1dy}$） | | | | | |
| 上二迭统 | 大隆组（$P_{2d}$） | 144 | 坝址下游 | 硅质灰岩、白云质灰岩、页岩、石煤等 | 相对隔水层 | |
| | 吴家坪组（$P_{2m}$） | | | | | |
| 下二叠统 | 茅口组（$P_{1m}$） | 102 | 坝肩及坝下游 | 燧石团块灰岩、燧石条带灰岩和白云质灰岩 | 上部岩溶含水层 | |
| | 栖霞组中段（$P_{1q}^{5+6}$） | 74 | | | | |
| | 栖霞组中段（$P_{1q}^{4-2}$） | 12 | | | | |
| | 栖霞组中段（$P_{1q}^{4-1}$） | 16 | 坝基 | 页状滑石化灰岩 | 相对隔水层 | 大坝持力层 |
| | 栖霞组中段（$P_{1q}^{2+3}$） | 36.5 | 坝基 | 厚层或中厚层灰岩夹白云质灰岩 | 下部岩溶含水层 | 大坝主要持力层 |
| | 栖霞组下段（$P_{1q}^1$） | 26 | 坝前库首 | 页状滑石化灰岩和白云质泥质灰岩 | 相对隔水层 | 坝基防渗依托层 |
| 上泥盆统 | 写经寺组（$D_{3x}$） | 20 | 坝前库首 | 灰绿色页岩夹砂岩 | | |
| | 黄家磴组（$D_{3h}$） | 22 | 坝前库首 | 杂色砂岩、石英砂岩夹页岩 | | |
| 中泥盆统 | 云台观组（$D_{2y}$） | 173 | 坝前库首 | 石英砂岩夹薄层砂泥质页岩 | 下部承压热水含水层 | 承压热水层 |
| 志留系（S） | | >500 | 坝前库首 | 砂质页岩、页岩和砂岩 | 隔水层 | |

洞少见（仅见3处，均位于左岸）。除深部承压热水含水层外，坝区地下水主要来自大气降水补给，并以岩溶裂隙水或裂隙——溶洞水的形式向河床排泄。

（5）坝址区有承压热水（温泉）出露，主要见于坝址上游云台观组 $D_{2y}$ 砂岩分布的河床地段。经过大量的勘探试验、长期观测及电阻网络模拟和同位素测试分析，证明热水（温泉）主要和江垭向斜构造有关，属于向斜自流盆地深循环加热形成。深部热水由大气降水补给，其补给区主要为向斜南翼分水岭 700.00～1000.00m 高程大片云台观组砂岩分布地区，从补给区到排泄区整个径流长 20～24km，静水头差至少 600m。此外，热水在向向斜北西翼运移过程中，坝址两岸云台观分布区也有一定水量的裂隙水流补给。

（6）根据坝址右岸地下厂房的地应力测量结果，最大主应力近水平，为 17.2MPa，平均方位为 N14°W，其应力状态为 $S_H$（NNW）> $S_h$（NEE）> $S_v$，侧压力系数 $S_H/S_h$ 为 1.22～1.79。

## 2　坝区安全监测

（1）为监控水库蓄水后江垭大坝及其附近山体的变形及水压力变化，枢纽周围布置了内外部安全监测网。其中包括大坝两岸边坡及山头布设变形观测网点 24 个；大坝高程 120.00m 基础灌浆排水廊道和坝顶共布设水准点 20 个；坝体内设有静力水准仪系统、倒垂线观测仪和引张线观测仪；坝基及深部扬压力、绕坝渗流、深部承压热水和基岩温度观测。分析认为，大坝安全监测网点布设基本合理，内容全面，获得的监测成果基本能反映大坝及岩体的真实变形和渗流场、温度场的变化情况。

（2）江垭水库于 1998 年 10 月下闸蓄水，至 2001 年 4 月已完成了多次全面监测，获得了较为系统的监测成果。监测资料表明：水库自 1998 年 10 月蓄水后（库水位曾于 2000 年 12 月达到 235.70m），自坝前 500m 左右至下游 350m 近坝山体及坝基发生了显著抬升变形。其中，左岸山体平均抬升值为 10.62mm，最大抬升值为 19.08mm（BM05JY）；右岸山体平均抬升值为 9.2mm，最大抬升值为 15.15mm；坝轴线上游平均抬升值为 11.54mm；坝轴线下游平均抬升值为 10.33mm；坝内高程 120.00m 灌浆廊道平均抬升值为 31.1mm，最大抬升值为 32.6mm（LD7-1），抬升幅度中间大于两侧，7、8 号坝段抬升幅度最大，大于其他坝段 1～4mm。

1）大坝两岸山体 10 个主要测点向下游的平均水平位移值为 5.1mm，最大值为 11.81 mm（TN09JY）。

2）帷幕上游的测压管或孔隙压力计的测值均随库水位变化，而帷幕下游的测压管或孔隙压力计的测值侧无明显变化，受库水位影响不明显；深层扬压力水位不随库水位变化，基本保持稳定；绕坝渗流观测孔水位受库水位影响不明显，而与降雨量密切相关，滞后约半天；深部热水孔水位随库水位的升降而升降，且恒高于库水位 2m 左右，涌水量在水库蓄水后明显增加，且随库水位的变化而变化，而孔口水温基本稳定，保持在 51℃ 左右。

# 3  坝区岩体抬升特征分析

综合分析前述观测资料，坝区岩体抬升具有如下主要特征：

（1）坝区岩体抬升的范围主要位于坝前 500m 至坝后 350m 和高程 315.00m 以下的河谷和近坝山体范围内，且主要发生在泥盆系中统云台观组石英砂岩（$D_2y$）以上的岩体中。

（2）抬升的总体趋势为：抬升幅度坝轴线上游大于下游，坝轴线处抬升最大；河床大于两岸，左岸略大于右岸；位移矢量方向指向下游偏左岸。

（3）坝体与坝基变形同步，坝体差异变形不明显，基本表现为整体均匀抬升。

（4）抬升的幅度和升降与库水位的升降密切相关，且抬升对库水位上升十分敏感，但对库水位回落反映滞后 2～3 个月，且变形不能完全恢复。

# 4  坝区岩体抬升原因分析

针对江垭坝区岩体抬升的异常现象，中科院地质所和湖南省设计院对以下几种可能原因进行了初步分析，即：

（1）建坝及蓄水改变了热水排泄区附近热传导环境，导致岩体增温而引起岩体热膨胀。

（2）承压热水含水层的承压水头对其上部岩体的作用，承压水层在库内的出露点由于受到库水的封堵，承压水头的大小随库水位的升高而增大。

（3）坝基浅部扬压力的影响。

（4）含水量变化引起矿物膨胀。

（5）构造应力的作用。

专家组基本同意中科院地质所和湖南省设计院对坝区抬升问题的分析意见，江垭坝区发生的抬升现象与其特殊的地质结构（向斜构造和多含水层）和水文地质环境（深部承压热水）有关。根据山体抬升与库水位升降密切相关这一特征分析，水库蓄水后引起坝基深部承压热水层的承压水压力增加是造成坝区岩体抬升的主要原因。但对热温度场变化等因素的作用亦需进一步研究论证。

# 5　坝区岩体抬升对工程影响评价

根据对坝基渗压、变形等多种监测资料的综合分析，可以得出以下基本意见：

（1）大坝与坝基呈同步变形，帷幕和排水系统工作正常，大坝目前是安全的。

（2）山体抬升变形的发展趋势目前虽不能准确确定，但在水库正常蓄水位范围内，坝区山体的抬升总变形量是有限的，且变形会逐渐趋于稳定。

（3）由于大坝及近坝山体表现为整体均匀抬升，大坝及其他建筑物产生差异性变形破坏的可能性不大。

（4）水库可以蓄水到正常高水位（236.00m），但应加强大坝的安全监测。当有异常变化时，应有应急措施。同时蓄到236.00m水位，也有利于进一步深入研究坝区山体变形问题。

# 6  今后工作的建议

江垭坝区岩体抬升的异常现象国内外罕见，没有可供借鉴的经验，对其发生的规律、成因和影响的分析研究，不仅对工程的安全运行十分重要，而且对今后其他水利工程发生类似现象的分析也具有重要的指导意义，因此建议：

（1）继续加强水库运行期的安全监测工作，建立全面的观测技术规定和制度，适当调整和增加监测网点，并采用新的技术方法。应特别注意在保持正常蓄水位较长时段和水位变幅较大情况下的内外部变形观测，及时准确地收集有关资料，以确保大坝安全运行。

（2）加强对隔水底板（即大坝防渗底层）的可靠性和帷幕的封闭性监测，应特别注意坝基渗透压力的变化。

（3）尽可能对坝基岩层进行分层水位、温度和抬升量的观测，并至少分为3层（即深部承压热水层、隔水层和坝基灰岩含水层）。

（4）做好地下水的长期观测。要注意每个排水孔的水温和水量与库水位的关系，对热水孔的水温、水质、压力及涌水量进行定期观测。

（5）加强资料的系统分析，进一步加深应力场、渗流场、温度场的研究工作，包括水－岩的作用机理研究、不同模型的分析研究等，对大坝及山体的抬升变形趋势作出定量预测。

（6）在资料分析过程中，要注意对可能的异常监测点（如BM03JY和BM05JY等）进行分析，排除局部岩体变位（如滑移）影响的可能性。

（7）在研究水压力的作用机理时，应注意研究坚硬岩体中空隙水压力对岩体扩容变形的影响。

（8）在研究温度场的作用效应时，应充分考虑承压热水含水层的越流补给问题。勘探及施工钻孔在击穿承压含水层顶板时也可能使深部热水含水层与上部灰岩含水层连通并造成灰岩含水层的水温升高。建议对温度进行敏感性分析，以了解温度场的变化对坝基岩体变形的影响。建立数学模型，分析在给承压含水层施加 110m 水头的反压力后，坝基渗流场和温度场的变化情况。

应充分注意岩体在抬升过程中发生的不可逆塑性变形现象，分析是否存在软岩或层间剪切带的流变作用。

# 第九回

# 发现"门槛"，休教库水进厂房
## ——河南小浪底水利枢纽左岸渗漏问题

诗曰：

滚滚黄河水，平稳入海流。

欲将民安泰，吾辈解国忧。

列位看官，这首诗是 2006 年 11 月笔者应邀赴山东东营参加黄河治理 60 年庆典时所作。黄河发源于青海省青藏高原的巴颜喀拉山脉，自西向东流经青海、四川、甘肃、宁夏、内蒙古、陕西、山西、河南及山东 9 个省（自治区），最后东入渤海。黄河全长5464km，流域面积 75.2 万 km²，是世界第五大长河，中国第二长河。黄河是中华文明最主要的发源地，是中华民族的母亲河。

黄河之所以称为黄河，是因为其中段流经中国黄土高原地区，夹带了大量的泥沙，洪水期河水泥沙俱下、黄波滚滚，因此称之为黄河。黄河裹挟着泥沙从中上游奔流而下，到了下游平原区河道变宽，水流变缓，裹带的泥沙就沉积到河道里，并使河道逐步升高。河道的抬升，致使河流断面变小，洪水时就有溢出河道的可能。为了避免水患，人们就加高两岸河堤。这样就形成了一个恶性循环：河道越淤越高，河堤越加越高。日久天长，河道的地面高程居然远远超过了黄河两岸城镇村落的高程，形成了著名的地上悬河，这就是在百姓的头上顶了一盆黄河水。终有一天，洪水暴发，加高的河堤再也挡不住滚滚黄河水，它冲破堤防，择路另行，流向低洼的城镇村落，这就是灾难性的黄河改道。有史记录以来，黄河决口 1590次，大的改道 26 次。黄河距今最近的一次大改道是在 1855 年 8 月

1日（清咸丰五年六月十九日），河决之后，黄水浩瀚奔腾，水面宽数十里甚至数百余里。黄水北泻，豫、鲁、直三省的许多地区均被殃及。"泛滥所至，一片汪洋。远近村落，半露树梢屋脊，即渐有涸出者，亦俱稀泥嫩滩，人马不能驻足"。

河南小浪底水库大坝

更有甚者，处于某种特殊需要，人为决堤者亦有之。近代最著名的就是1938年抗日战争时期，蒋委员长为阻止日军南下，命令扒开郑州花园口黄河大堤，造成洪水以阻隔日军。决堤后，洪水漫流，淤泥遍野，虽滞缓了日军南下的步伐，却也使无数百姓沦为灾民。蒋委员长当年功罪当留后人评说。

山东省东营是黄河入海口，至2006年，这里清水河河路已安全行水30年，改变了黄河十年一改道给人民生命财产带来重大灾害的状况。笔者在庆典活动期间，作上述诗篇《为黄河清水河河路行水三十年赋》以记之。

黄河素以"善淤、善决、善徙"而著称。那么有效地减少河道淤积是治理黄河的一个重要手段。20世纪90年代开始在黄河中游修建了小浪底水利枢纽工程。2002年前后，笔者同门师弟李国英就

任黄河水利委员会主任。他为了研究黄河的冲淤情况，做了一个可能是人类有史以来最大规模的科学试验——黄河调水调沙试验。2002年7月上旬，黄河小浪底水利枢纽工程大坝上的表孔、中孔同时开放，形成人造洪峰，冲刷黄河河床中的沉积物，以逐步改善黄河多年形成的地上悬河状况。库水宣泄之处，巨浪奔腾，景象颇为壮观，笔人也曾留诗一首《观黄河小浪底调水调沙试验有感》：

> 万马齐腾搅浪黄，千龙怒吼卷浊浆。
> 亿年沉沙今浮起，冲入东海叙沧桑。

小浪底水利枢纽位于河南省洛阳市孟津县，是黄河干流上的一座集减淤、防洪、防凌、供水灌溉、发电等为一体的大型综合性水利工程，也是治理开发黄河的关键性工程。小浪底工程拦河大坝采用斜心墙堆石坝，最大坝高154m，坝顶长度1667m，库容126.5亿$m^3$，总装机容量180万kW，年平均发电量51亿kWh。该工程控制流域面积69.42万$km^2$，占黄河流域面积的92.3%。小浪底水利枢纽的建成可有效地控制黄河洪水，可使黄河下游花园口的防洪标准由60年一遇提高到千年一遇，基本解除黄河下游凌汛的威胁，减缓下游河道的淤积。小浪底水利枢纽战略地位重要，工程规模宏大，但其地质条件复杂，水沙条件特殊，运行要求严格，被中外水利专家称为世界上最复杂的水利工程之一。

小浪底水库于1999年10月下闸蓄水，蓄水以后发现左右岸渗水严重。2000年11月，当库水位达到高程220.00m后，地下厂房出现渗水现象，每天总渗水量可达90$m^3$。厂房外围所设置的排水洞单日排水量可达7000$m^3$以上。大量地下水的渗入与渗流的出现，可能会引起岩石力学性质和水文条件的变化，从而引起山体变形，进而影响地下洞室的稳定，甚至影响大坝安全。

为此，2002年7月，在小浪底工地专门召开了小浪底左岸渗漏问题分析讨论会，参加会议的有水利水电工程地质界和水文地质界的知名专家，也不乏院士大师。

工程建设和工程运行中常常会出现许多问题，有些问题如果得不到及时有效的解决可能就会引发工程事故。在工程出现问题或发生事故时，当然会追责。如当初是如何做的勘察？如何做的设计？如何做的施工？如何做的运行管理？是谁决定这样勘察、设计、施工、管理的？当然，在没有造成事故之前，这种责任的追究并不明显，一般只局限于分析原因的层面上。但为了洗清自己，避免承担责任，每逢出现这类问题时参建各方都会提供大量的资料证明自己所负责的工作正确无误。各单位会给专家们提供许多资料，而专家们所要做的工作就是要在这成堆的资料中删繁就简、剥茧抽丝、去其糟粕、取其精华，迅速地找出问题之所在，并提出自己的见解。而每个专家的水平高低，对工程实际的指导意义的大小，就取决于专家的个人水平了。

近年来开始一味强调专家决策，什么事都要请专家来讨论、评估、审议，这其中也存在着许多问题，但在工程咨询方面不是那么严重。因为凡是有问题需要请专家咨询时，一定是工程出现了不易解决的难题。就像医院出现了疑难杂症，这时只能需要聘请名医来会诊了。

闲言少叙，言归正传。笔者虽然不才，但还是努力做一名好专家，做一名称职的专家，做一名可以称得上专家的专家。所以每次参加咨询，总是能踏踏实实查资料，认认真真想问题，勤勤恳恳看工程。

据观察，小浪底工程左岸渗水有两个明显特征：①厂房顶拱渗水量与库水位有明显同步变化关系；②库水位升至某一高程时，厂房顶拱渗水量突然增大。反之，库水下降到该高程时，渗水量会突然减小甚至消失。

针对上述现象，笔者认真研究工程区左岸地质图，特别是注意该区地层的分布和断裂构造的发育情况。通过观察，笔者发现在厂房北部分布有 $F_{28}$ 断层，它本身是一个阻水构造。当库水位较低时，受该断层的阻挡，库水不能渗入到厂房。但当库水位高于某一高程时，库水在地表就会漫至断层的另一侧，即翻过断层深入到透水岩体中，接着再沿裂隙渗透到厂房。$F_{28}$ 在这里相当于一道门槛，库水

在门外且水位低于门槛高程时，屋内不会进水。但当库水位高于门槛时，水便会涌进屋来。当然，实际的情况要比这复杂得多，门槛并不是仅由 $F_{28}$ 一道断层形成的，门槛的高程也不止一个。发现了这道门槛的存在，笔者兴奋不已，与厂房出现的渗水现象和特征进行对比，发现完全吻合。笔者将这一发现与相关问题的分析告诉了专家组的马国彦总工程师，立即得到了他的认可。第二天开咨询会讨论时，马总作为黄委设计院地质专业最高负责人，也是小浪底前期勘察的负责人，第一个发言。马总阐述了我们昨天讨论过的意见，得到了与会专家的一致认可。在大多数专家发言之后，我也作了发言。为了更清楚地阐明自己的观点，我绘制了几个示意图，给出了小浪底左岸渗漏形成的机制，建立起了一个三维的渗透模型，使参加会议的各位专家和相关技术人员更直观、更清楚明了地理解了问题产生的原因和应采取的针对性处理措施。在上述基本思路的基础上，专家们又各抒己见，提出了许多更好更全面的建设性意见，最后形成了一个完整的咨询报告。这是一次非常有建树的咨询会议。

咨询会结束以后，笔者一直想就此问题写篇文章，相关资料也一直珍藏，但种种原因一直未能动笔。期间经历过几次搬家，也扔掉了很多图书和资料，后来竟发现这份资料找不到了。近日动笔撰写此书，再次整理资料柜，竟发现16年前保存的资料仍然静静地躺在那里。失而复得，不胜欣喜！再次阅读自己当年所做笔记，所绘图纸，惊讶自己当年竟有如此美妙的想法。但令人可惜和遗憾的是，因为时间久远，看着当年的发言提纲自己都已经不能完全明白其中内涵了，列位看官可能更是只能明白其中一二。但时间精力所限，笔者也无暇再去复读昔日资料，如若哪位看官有兴趣，可找到相关资料深入研读。

# 小浪底水利枢纽左岸山体基岩渗漏水文地质条件分析专家讨论会纪要[*]

2002 年 7 月 8—10 日,小浪底水利枢纽竣工前补充安全鉴定专家组在小浪底工地召开了小浪底水利枢纽左岸山体基岩渗漏水文地质条件分析专家讨论会,安全鉴定专家组汪易森、张佑天组长参加了会议,小浪底建设管理局、黄委设计院的领导到会。专家们听取了小浪底建设管理局、黄委设计院、河海大学、中国水利水电科学研究院的专题汇报,并察看了现场,经过充分讨论,就左岸山体的水文地质条件及渗漏问题形成如下纪要:

(1)黄委设计院多年来为勘察坝址区水文地质条件做了大量的勘察研究工作,专家组基本同意黄委设计院对本区水文地质单元划分、岩体渗透特性、渗流场特征及动态规律的分析。水库蓄水前后建设单位和设计单位又开展了大量的专题研究和监测工作,获得了丰富的资料,为分析左岸山体渗漏水文地质条件提供了重要的基础资料。

(2)左岸山体上游以 $F_{28}$ 断层为相对隔水边界,北侧以 $F_{461}$ 断层为相对隔水边界,表部及东侧被 $T_1^6$ 黏土岩地层覆盖,形成了一个相对独立的、与黄河存在水力联系的水文地质单元。目前 2 号、4 号、28 号、30 号排水洞的来水主要由库水通过 $F_{28}$ 下盘与帷幕上游间的 $T_1^3 \sim T_1^4$ 砂岩地层入渗补给,且在库水位超过 220m 以后的几个水位处渗流状况会发生较大变化。专家组认为这种现象的产生主要是库水位超越这几个门槛之后,开始淹没 $F_{28}$ 断层以东地层 $T_1^4$ 地层的范围及其岩性组合的差异所致。 $T_1^4$ 地层透水性较强,从而增大

---

[*] 此文为笔者参加的小浪底水利枢纽左岸山体基岩渗漏水文地质条件分析专家讨论会的会议纪要。

了入渗水量。

(3) 刘家沟组地层（$T_1$）的透水性具有非均质各向异性的特征，表现为顺层方向的透水性远大于垂直层面方向的透水性，且地下水的径流及排水洞的出水主要出现在裂隙密集带和断层破碎带等构成的集中渗流带上。断裂破碎带是沟通上下层地下水的重要通道。

(4) 对 2 号、4 号、28 号、30 号排水洞的几处重要渗漏地段，专家组有如下分析意见：

1) 2 号排水洞 28～36 号排水顶孔来水主要由平行岸坡的卸荷裂隙带的导水作用和防渗帷幕在这一地段未得到有效封堵所引起，其渗漏门槛水位在 210.00～216.00m。

2) 4 号排水洞、28 号排水洞、30 号排水洞的顶孔及厂房顶拱来水主要由库水通过 $T_1^4$ 地层入渗补给，通过帷幕的局部缺口处进入上述地段。库水入渗的门槛水位大约在 225.00m；30 号排水洞底孔来水，一部分水受 225.00m 门槛水位控制，库水通过 $T_1^4$ 进入山体，再由断裂带渗入 $T_1^3$ 地层，并在厂房西北侧帷幕下方的 $T_1^3$ 缺口进入帷幕下游。部分水流通过帷幕沿 $F_{236}$～$F_{240}$ 透水带进入厂房排水洞，还有一部分渗水可能为库水通过 $T_1^3$ 地层直接补给。

(5) 当前左岸山体渗漏对建筑物尚未构成危害。预测在当前防渗条件下库水位抬升后，渗漏量会进一步增大，增大的幅度受透水层被淹没面积、水头差、上游坡面的淤积情况、岩体中强透水带的发育与分布、软弱结构面抗渗透破坏等多种因素有关。考虑到左岸山体建筑物的重要性及地下水长期渗流对岩体结构、夹层和断裂带的渗透破坏、锚杆和锚索的腐蚀、厂房和机电设备的保护、山体稳定性等可能带来的不利影响，采取一定的补强措施仍是必要的。现在正在实施的对 $F_{28}$ 断层及其下盘岩体进行铺盖封闭的措施是合理可行的。对厂房顶拱渗漏段采取化灌和导排措施也是必要的。建议进一步研究对厂房西北侧 $T_1^3$ 帷幕缺口及其他帷幕的薄弱环节采取补强灌浆以及加强 28 号排水洞顶拱排水孔的必要性。建议利用水库水位降落的时机，尽早实施 3 号灌浆洞南段的补强灌浆。

（6）专家组建议黄委设计院在专家组意见的基础上，补充完善对左岸山体基岩渗漏问题的分析，加强各项监测成果的分析，并作为设计自检报告的补充意见提交安鉴专家组。

2002 年 7 月 10 日

本回深读 2

# 在小浪底水利枢纽左岸山体基岩渗漏问题专家咨询会上的发言提纲[*]

讲五个方面的问题：帷幕判断、三个问题、地质模型、发展趋势、处理措施。

## 1 帷幕判断

防渗帷幕存在漏洞：下游河岸边不会来水，北侧 $F_{461}$ 阻水，只能从上游来水。

## 2 三个问题

（1）220.00 高程门槛问题。水库水位与厂房涌水量的密切相关性。必然存在一个阻水门槛。$F_{28}$ 断层及其阻水与两侧的透水性（地层的均一性、防渗帷幕漏水且自上而下设置均不具备门槛性质，不同意帷幕线上游冲沟进水的意见）。

库水位 220.00m 以下——下盘岩性 $T_1^1$、$T_1^2$、$T_1^{3-1}$、$T_1^{3-2}$，其中除 $T_1^{3-1}$ 外均为相对隔水层，与 $F_{28}$ 共同组成门槛。$F_{240}$ 隔水，也构成门槛的一部分。渗径 450m。（图 9-1、图 9-2）

库水位 220.00m 以上——上盘岩性 $T_1^4$，渗径 150m；＋下盘透水区。

库水 235.00m 以上，$T_1^{5-2}$ 透水性强，渗流量的二次突变。

进一步解释门槛高程 220.00m 上下变化的原因。

（2）南北端墙渗水问题。厂房渗漏肯定以裂隙为主，因为无大断层通过。

---

* 此文为笔者在小浪底水利枢纽左岸山体基岩渗漏问题专家咨询会上的发言提纲。

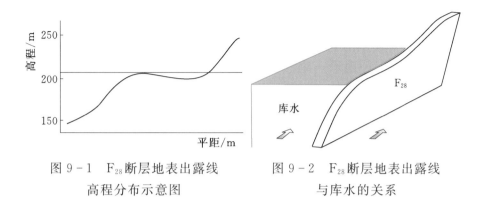

图 9 - 1  F$_{28}$断层地表出露线
高程分布示意图

图 9 - 2  F$_{28}$断层地表出露线
与库水的关系

两组裂隙：NW270°～290°、NW340°～350°。

近南北向裂隙（平行坝轴线）透水性较大。

（3）水温差问题。水温差可反映工程区总体的变化特征及水的来源。

裂隙发育的不均一性，与上部连通的裂隙水温高，与下部连通的裂隙，水温低。

出水的不均匀性也是因为裂隙发育不均匀造成的。

# 3  建立水文结构模型（图 9 - 3）

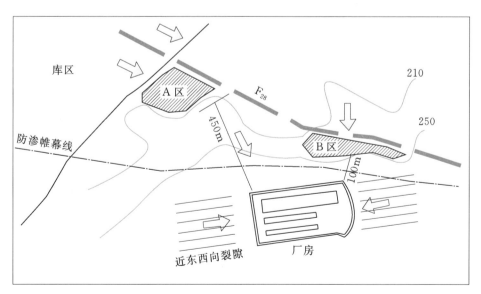

图 9 - 3  小浪底工程左岸山体水文结构模型

$F_{28}$阻水导水构造。

$T_1^4$为主要透水岩层。

$F_{28}$的展布—地形—地层—库水—地下厂房的相互关系分析，形成 220.00m 门槛。

A、B 两个补给区，以 B 区为主。

近南北向裂隙为厂区的主要透水构造。

## 4 趋势预测及对工程的影响

渗水量随着库水的增高，呈线性增加。

应评价饱水状态下的山体稳定性和厂房稳定性。

## 5 处理措施

防渗帷幕补强灌浆。

封闭 B 区：延长 $F_{28}$黏土层封闭 B 区（正在施工）。

封闭 A 区 $T_1^{3-1}$ 层。

近南北向裂隙的处理。

# 第十回

# 穿地飞空，穿黄悬案二十年

## ——南水北调中线穿黄工程方案的选择

诗曰：

黄龙滚滚奔向东，竟欲龙床贯洞通。

清水北去穿身过，浊泥上翻挖腹空。

石拦树缠降法术，水涌沙喷施道行。

我劝河神休动怒，引水缘为济苍生。

列位看官，这首七律是笔者在 2006 年 4 月 26 日参加南水北调中线穿黄工程专家论证会时闲暇所作。诗中谈及了南水北调中线穿黄工程采用隧洞方案时可能遇到的艰难险阻。这次会议是一个高层研讨会，与会者院士、大师不乏其人，也包括两院院士潘家铮等国内水利工程大家。会议由国务院南水北调办公室总工程师沈凤生主持。此次会议对南水北调工程中线穿黄工程施工中出现的问题进行技术讨论。

南水北调是一项特大型跨流域调水工程，是实现中国水资源战略布局调整、优化水资源配置的一项重要手段，也是解决黄淮海平原、胶东地区和黄河上游地区特别是津、京、华北地区缺水问题的一项重大基础措施。经过多年的深入研究论证，南水北调总体规划目前选定了东、中、西三条调水线路，与长江、黄河、淮河和海河四大江河相互连接，形成了"四横三纵"的总体布局。中线工程从汉江丹江口水库陶岔渠首闸引水，一路北上，自流到北京、天津，输水总干渠全长 1267km，受水区范围 15 万 km²。其中黄河以南 477km，黄河以北 780km。

南水北调中线穿黄工程效果图

中线工程干渠在郑州北部与黄河横交，这巨大的引水渠道如何穿过黄河是重点研究的问题。穿黄工程是南水北调中线总干渠特大型河渠交叉建筑物，也是总干渠上规模最大的关键性工程。多年的研究有两种解决方案：一是在黄河上架设渡槽，让南水北调的水从空中越过黄河；二是在黄河河道下开挖隧洞，使黄河水从地下穿过黄河。代表性方案有李村渡槽方案和孤柏嘴隧洞方案。

李村渡槽方案，线路全长 19.378km，其中渡槽段 3500m，上部结构采用三线 U 形槽或双线单槽结构。孤柏嘴隧洞方案，线路全长 19.686km，其中洞身段 3000m 或 3500m，隧洞共两条，中心距 32m，内径 8.2m，外径 9.9m。

从 2001 年开始，笔者介入南水北调工程的勘察设计工作，多次参加该工程的各种技术论证会、审查会和咨询会。也因此有机会接触到这世界一流的工程，接触到中国一流的专家。

2001 年 7 月，在北京商务会馆举行的南水北调中线穿黄工程方案讨论上，笔者在工程地质方面提出了以下问题：①有无详细的工程地质勘察报告；②承载力问题；③不均匀沉陷问题（压缩系数）；④河势与岸坡稳定问题；⑤河流冲刷问题（地层强度及抗冲流速）；⑥浅流流动与河床覆盖层流动问题；⑦摩擦桩的振动液化问题。

在南水北调众多论证会中，印象最为深刻的是2003年《南水北调中线穿黄工程方案综合比选报告》审查会。

2003年5月下旬，正是北京非典疾病肆虐最为猖狂的时期，各大专院校已经停课，各个单位也都壁垒森严。郊区农村都已封村，只要听说是北京城里来的，一律禁止进村，就是有亲属也不行。我所在的水规总院那段时间也拒绝接待外单位人员，如有不可避免的接待只能在门厅，不得带进办公室。可就是在这期间，南水北调中线穿黄方案的论证正急，水利部及水规总院领导考虑再三，决定还是在北京城东南的龙爪树宾馆召开审查会。

开会的时候每人全配发了口罩，会上会下都要佩戴。特别是在吃饭的时候，虽是自助餐，但每个人都不能自取，条形桌上摆了一排菜盆，每个菜盆后站一位服务员。我们依次从桌前走过，不说话，想要哪个菜用手指一下，服务员就给你盛一勺菜。端回自己的餐桌，摘下口罩吃饭。与会人员之间也很少搭话。当时就是在这样的条件下开的会。也许就是这次会议决定了南水北调中线之水如何穿过那滚滚黄河。

从工程地质的角度来说，隧洞方案需要说明两个问题：①河床第四系 $Q_4$ 砂层在潜流的作用下有无蠕动问题？目前有无观测或分析资料？结论如何？②勘探工作是按何阶段深度布置的？而对于渡槽方案需要说明四个问题：①工程区地震基本烈度为Ⅷ度。因渡槽高架于河床以上20m，是否需要考虑地震峰值加速度的放大问题？是否应请有关部门对放大系数做专门研究或鉴定？②报告中提及对砂土液化问题采用强夯处理措施能否满足设计要求？③勘探工作是按何阶段深度布置的？④河床及两岸液化层分布深度是如何确定的？

虽然从技术的角度来说，两方案各有利弊，但都是可行的。孰大孰小、孰轻孰重需要经过专家们认真的讨论研究。

笔者在攻读博士期间，研究的方向就是工程地质决策问题。今

天参加这样的会议，正好可以用上自己所学的知识和方法。作为工程地质组的主审，笔者提出了两个方案工程地质方面的比较意见：仅从工程地质的角度来说，隧洞方案对地质条件要求相对简单，隧洞方案优于渡槽方案。

除工程地质专业之外，其他专业的专家从黄河水位、黄河河势等 11 个方面对两个方案进行比较，最后结论也认为隧洞方案为优。

穿黄工程事关重大，此次会议虽然大多数专业、大多数专家倾向于隧洞方案，但会上并没有做最终结论，甚至也无权做出最终结论。

经过多年反复的论证，2005 年 9 月 27 日，南水北调中线穿黄工程正式开工，而最终选定的穿黄方案就是隧洞方案。

工程开工后，施工中出现了各种工程技术问题，这也属正常现象。2006 年 4 月下旬，国务院南水北调办公室在郑州光华饭店组织召开中线穿黄工程专家座谈会。会上笔者作为工程地质专家作了大会发言。其发言要点如下：

黄河是中华民族的母亲河，千万年的流淌已使其与周围环境达到了平衡与和谐，包括水文、河势、地质环境等。工程建设就是改变旧的和谐，建立新的和谐。在这个改造过程中，必然会出现一些矛盾或问题，出现不和谐。而我们要做的就是通过工程措施将出现的不和谐再转化为和谐，且使这个转变过程不具有突发性，并控制在可控范围内。

工程施工中工程地质问题分析如下：

（1）孤石问题。根据河流沉积规律分析，黄河为平原型河流，冲洪积物经过长距离搬运，以细颗粒为主，出现孤石的概率较小。人工作用形成的孤石出现的概率更小，钻探资料验证了此结论。

（2）不均匀沉降问题。下伏基岩埋深不同，最小不足 1m，最大约 50m。基岩与覆盖层的压缩系数有一定差别，软硬不均。隧洞地基特别是软基是未经过加固处理的。上部荷载不同且在发生变化。穿黄工程为长距离线性工程，易发生不均匀沉降，特别应注意基岩面突变处隧道的纵向变形问题。

（3）水引起的工程问题。水是施工期影响工程安全的主要因素。目前存在的主要问题有：①南岸渠道边坡稳定问题：地下水水位高于渠底 20m，渗透系数小（$1 \times 10^{-4 \sim -5}$ cm/s），抽降水时地下水水位降速慢，降后恢复也慢，降水井点布置应遵循小井密布的原则；②竖井连续墙槽孔的稳定问题：塌孔应采用泥浆固壁，应注意黏土夹层处的缩孔问题（目前施工顺利）；③涌水涌砂是工程施工中最可怕的问题，包括竖井底部的涌水涌砂问题、隧洞开挖过程中的涌水涌砂问题以及两洞间土体的稳定问题等。目前这些问题国际国内都已有了成熟的解决办法，工程中应制定相应的应对预案。同时应避免双洞齐头并进施工，避免出现两洞间水体的相互影响从而引起该处失稳。

（4）地质条件的复杂性问题。地质条件基本查清，平原河流沉积环境相对稳定，地层分布相对均匀稳定，不可预见的地质因素不多。目前我们所面临问题的关键在于工程规模宏大，不在于地质条件复杂。不是有未查清的地质条件，是针对这样大规模的工程是否有我们没有考虑到的地质问题。

2014 年 2 月，南水北调中线穿黄工程完工并进行充水实验，2014 年 12 月 12 日正式通水。工程运行至今总体良好，未出现重大问题。

# 南水北调中线穿黄方案的选择 *

南水北调是一项特大型跨流域调水工程，是实现我国水资源战略布局调整、优化水资源配置的重要手段，是解决黄淮海平原、胶东地区和黄河上游地区特别是津、京、华北地区缺水问题的一项重大基础措施。经过多年的深入研究论证，南水北调总体规划目前选定了东、中、西三条调水线路，与长江、黄河、淮河和海河四大江河相互连接，形成了"四横三纵"的总体布局。（参见第六回插图）

## 1  南水北调及中线穿黄工程概况

### 1.1  南水北调中线工程

南水北调中线工程从汉江丹江口水库陶岔渠首闸引水，经长江流域与淮河流域的分水岭方城垭口，沿唐白河流域和黄淮海平原西部边缘开挖渠道，在郑州以西孤柏嘴附近通过隧洞或渡槽穿过黄河，沿京广铁路西侧北上，可基本自流到北京、天津，大部分地段为明渠输水，受水区范围 15 万 km²。输水总干渠从陶岔渠首闸至北京团城湖全长 1267km，其中黄河以南 477km，穿黄工程段 10km，黄河以北 780km。天津干渠从河北省徐水县分水，全长 154km。

南水北调中线工程从汉江的丹江口水库调水，近期按正常蓄水

---

\* 此文原拟为笔者撰写的专著《工程地质决策概论》中的一章，后因故在专著出版时删除。

位 170.00m 加高丹江口水库大坝，增加调节库容 116 亿 $m^3$。陶岔渠首引水规模为 $500\sim630m^3/s$，多年平均年调水量 120 亿～130 亿 $m^3$。

从工程地质的角度来说，由于南水北调工程规模巨大，跨过多个流域，其工程地质条件表现出多样性、复杂性等特点。其中中线工程的主要工程地质问题包括软土地基问题、高地震烈度区的饱和砂土振动液化问题、膨胀土和湿陷性黄土的渠坡及建筑物地基稳定问题、边坡稳定问题、通过煤矿区的压煤问题和采空区的渠道稳定问题、渠道渗漏及其引起的浸没和盐碱化问题、地下水侵蚀性问题等，而渠道穿越黄河的隧洞稳定及施工中地下水涌水问题是调水工程特有的工程地质问题。

## 1.2 南水北调中线穿黄工程

穿黄工程是南水北调中线总干渠特大型河渠交叉建筑物，是总干渠上规模最大的关键性工程。穿黄线路南起王村乡南的 A 点，北至马庄附近的 S 点，线路全长近 20km。穿黄建筑物的方式有隧洞和渡槽两种形式，并有孤柏嘴线、孤柏嘴上线和李村线三条比较线路（图 10-1）。其中以孤柏嘴隧洞方案和李村渡槽方案作为代表性比较方案。

孤柏嘴隧洞方案，线路全长 19.686km，其中南岸明渠连接段 4333.8m，邙山段 1300m，南岸河滩明渠段 331m 及进口建筑物段 252.9m，洞身段 3000m 或 3500m，北岸出口段 444m，河滩明渠段 3004.9m，北岸明渠连接段 6619.8m，隧洞采用中心距 32m，内径 8.2m，外径 9.9m，内、外衬各 0.45m，进口高程 65m，出口高程 80m。

李村渡槽方案，线路全长 19.378km，其中南岸明渠连接段 5487.4m，过黄河段 10058.4m，其中渡槽段 3500m，上部结构采用三线 U 形槽或双线单槽结构，北岸明渠连接段 3832.6m。

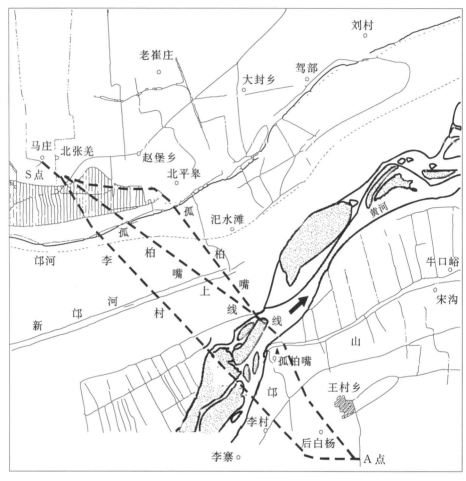

图 10-1　南水北调中线穿黄河段地貌形态图

## 2　穿黄河段工程地质条件

根据总干渠的布置和黄河两岸地形地貌、河床宽度及河势，穿黄工程研究的范围包括郑州黄河铁路桥以上至汜水河口、长约35km 河段内的邙山头、桃花峪、牛口峪、孤柏嘴、李寨和李村等处。

## 2.1 地形地貌

穿黄河段南岸为邙山黄土丘陵，北岸为冲积平原及黄土岗地。

穿黄河段黄河属典型的游荡性河道，受人工修建的控导工程的限制，目前河道缩小了游荡范围。孤柏嘴以西，河道主流紧靠右岸，形成一个向南凹进的大弯道；孤柏嘴以东，孤柏嘴将主流挑流至北岸的驾部控导工程，再折转向南岸。河床一般高程100.00m左右，最低96.30m。枯水期水位100.00～101.00m，水面宽1～3km，最大水深4m。

由于黄河南岸为侵蚀岸，北岸为堆积岸，两岸漫滩发育不对称。孤柏嘴以西，南漫滩缺失；孤柏嘴以东，南岸漫滩宽0.5km，滩面平坦，高程101.50～102.70m。北岸发育有高、低漫滩，低漫滩宽3.6～5.3km，滩面平坦，高程101.00～103.00m，微倾向黄河，新潴河从低漫滩中部穿过，河水由西向东汇入黄河，河宽35～60m，两岸堤顶高程103.00～104.00m；高漫滩宽1.5～2.3km，滩面平坦，高程102.50～103.50m，潴河由西向东流经高漫滩后缘，河床宽10～35m，一般高程100.20m，两岸堤顶高程103.00～104.50m。

南岸一级阶地狭窄，仅分布在孤柏嘴以东，宽度仅3m左右。在满沟口，一级阶地向沟内延伸约290m，地面平坦，一般高程106.00～109.00m。清风岭以北冲积平原，地面平坦，高程104.00～106.00m。

北岸沿孟县水运至武陟驾部一带分布有低缓的黄土岗地，即青风岭，其东西长约70km，南北宽为2.5～5.7km，高程106.00～112.00m。

南岸邙山主脊近东西向展布，邙山最高点高程224.55m。邙山北坡陡，坡度约40°，坡高50～125m；南坡缓，坡度为2°～4°。北坡冲沟短、深，南坡冲沟长、浅。

南岸支流汜水河于李村线上游约3.5km处汇入黄河，汜水河谷两侧断续分布有一级阶地。

邙山岭南为宽广平缓的冲积平原区，地面高程 130.00～140.00m，平均自然坡降 2%～4%，呈由西北向东南逐渐降低趋势。

## 2.2 地层岩性

穿黄工程河段，广布第四系土层。全新统分布于黄河河床、漫滩和北岸冲积平原；上更新统出露于南岸邙山和北岸陈家沟一带，在漫滩部位埋藏于全新统之下；中更新统在河床、南岸漫滩埋藏于全新统之下，在南岸邙山被上更新统黄土覆盖，出露于邙山北坡。下更新统缺失。下伏基岩为上第三系。

（1）上第三系（N）。埋藏于第四系之下，在穿黄河段无露头。主要为河湖相沉积的黏土岩、粉砂岩、砂岩、砂砾岩，胶结差，基岩顶面总体向北倾，最高点高程 61.00m，最低点 7.25m，揭露最大厚度 67m。

（2）第四系中更新统冲积层（$al-plQ_2$）。粉质壤土，夹多层棕红色古土壤。古土壤层之下常富集钙质结核，局部呈层状，块径一般 2～8cm，最大 12cm。在邙山一带该层厚度 70～90m，顶面高程 94.00～125.00m，自南漫滩向北厚度逐渐减小，至北岸低漫滩中部尖灭，顶、底部断续分布杂色泥砾层。

（3）上更新统冲积层（$alQ_3$）。南岸邙山一带为黄土与黄土状粉质壤土，厚度 50～100m。在邙山南部冲积平原区，揭露厚度在 30m 以上。

北岸青风岭一带，为双层结构。其上层为黄土状粉质壤土，厚 10～20m，下层为灰黄、灰黑色细砂、中砂，含少量泥质，局部夹壤土团块细砂，中下部含砾。此层厚可达 80m。

（4）上更新统及全新统下部冲积层（$alQ_{3+4}$）。该层在李村线高、低漫滩一带，顶面高程 64.00～75.00m，厚度 3～60m，岩性变化较大。从上到下依次为中砂层厚 15～20m、壤土及黏土层厚 0.5～8m、中细砂及砂砾石层厚 5～11m、壤土及黏土层厚 13～21m，底部砂砾石层厚 2～15m。

该层在孤柏嘴线高、低漫滩一带分布为一套灰黑色冲积砂层，其间夹有腐殖质、淤泥质黏上、粉质壤土、细砂、砂砾石透镜体，表层有黄土状粉质壤土或粉质壤土。南漫滩、河床部位厚约 5～10m，北岸低漫滩 10～45m，高漫滩 40～52m，根据沉积韵律分为 5 层。

（5）全新统上部冲积层（$alQ_4$）。为一套灰、灰黄色砂层，其中夹粉质壤土透镜体，表层为粉质壤土或砂壤土。厚度在南漫滩及河床为 8～14m，北低漫滩 12～30m，北岸高漫滩 7～37m。

## 2.3　水文地质

根据地下水的赋存条件，可分为第四系孔隙含水层和上第三系砂岩、砂砾岩中的孔隙、裂隙含水层。

第四系孔隙含水层分砂层含水层和邙山黄土（黄土状土）孔隙弱含水层。砂层含水层南漫滩与河床厚 8～36m，北漫滩 26～85m。北岸低漫滩地下水埋深 2～6m，高漫滩 4～9m；低漫滩前缘地下水水位 100.30m，高漫滩后缘 92.5m 左右，水力坡降 0.001。南岸漫滩地下水埋深 1m 左右，地下水水位 101.10～100.40m。抽水试验测得 $Q_4$ 砂层为中等透水，$Q_{3+4}$ 中砂为强透水。

南岸邙山黄土（黄土状土）孔隙弱含水层在水平方向上的渗透系数比垂直方向上的稍小，但均属弱透水性，表层 2～3m 渗透系数稍大，为中等透水。据观测，在距黄河岸边 500～950m 处，存在地下水分水岭，地下水水位 138.00～140.00m。分水岭以南，水力坡降 0.004～0.005，地下水水位 125.00～140.00m。分水岭以北，水力坡降 0.05～0.1，地下水水位 101.00～140.00m。在满沟及临河岸坡地下水从中更新统粉质壤土顶面渗出，渗水点高程 101.00～125.00m。

上第三系砂岩、砂砾岩中的孔隙、裂隙含水层深埋于第四系之下，钻孔揭露厚度 67m。南岸及河床部位，上有中更新统粉质壤土和上第三系黏土岩隔水层，地下水具有承压性。

# 3 主要工程地质问题

## 3.1 饱和砂土振动液化问题

工程区地震基本烈度为Ⅷ度，50年超越概率10%和5%对应的基岩面加速度峰值分别为0.119g和0.158g。在地震作用下，工程区的部分砂土层可能发生液化。

（1）液化可能性初判。根据上覆黏性土厚度、地下水埋深、黏粒含量、不均匀系数、地震烈度等初判认为：黄河南岸及北岸青风岭以北地段，不存在液化问题；黄河河床和漫滩分布有$Q_4$砂壤土和粉、细砂，饱水条件下遇7度地震可能产生地震液化。

（2）液化可能性复判。为进一步论证穿黄工程区地震液化问题，分别采用标准贯入锤击法、静力触探判别法、动三轴试验判别法、相对密度法和剪切波速法对可能发生液化的土层进行了复判。综合分析上述5种方法的判别结果，并参考黄河桃花峪水库等工程有关研究成果，确定穿黄工程区在Ⅷ度地震条件下可能液化最大深度分别为16m和18m。

## 3.2 邙山黄土高边坡稳定问题

穿黄河段南岸邙山坡高50.00～125.00m，孤柏嘴以西邙山黄土岸坡紧临河槽，受河水贴岸冲刷。黄土岸坡主要由$Q_3$黄土、黄土状粉质壤土以及$Q_2$粉质壤土、粉质黏土组成，平均自然坡角35°～55°。

李村电灌站至孤柏嘴段岸坡坡脚处普遍可见地下水呈面状出渗，出渗面高程一般为101.00～103.00m，高出河水位1～3m；雨季局部地段出渗面可高出河水位3～9m，旱季部分出渗点自行消失。

据调查，邙山黄土岸坡发育有规模不一的滑坡15处。长度一般为25～165m，宽度一般为60～400m，厚度一般为5～30m。滑坡体积一般为 5 万～30 万 m³。其中最大者可达 180 万 m³。

总体上看，邙山黄土临河岸坡在河水靠湾淘刷、降水入渗等因素影响下，长期稳定性较差，常见有岸坡后缘的错落台次及拉裂缝等变形现象，亦说明该段岸坡部分地段目前处于极限稳定状态。

综合考虑洪水、高强度降雨、地震等因素的不利影响，为确保穿黄工程安全，可结合河段控导工程采取适当的岸坡整治措施，以保证其长期稳定性。

# 4　穿黄方案综合比选

穿黄建筑物有隧洞和渡槽两种型式，其中以孤柏嘴隧洞方案和李村渡槽方案作为代表性比较方案。南水北调中线工程到底采用何种方式穿越黄河这一问题已经过了近十年的研究。首先讲两种方案都是可行的，但从各个方面进行比较，两种方案之间仍有一些差别。

## 4.1　穿黄方案工程地质条件比选

从建筑物设计型式上有渡槽和隧洞两种方案，因为穿黄河段第四系砂层厚且上部以粉细为主，地表无黏性土盖层或分布较薄，粉细砂、松散、饱水，强度低，在Ⅷ度地震下易产生液化，可能液化深度 14.18m，隧洞方案埋深大于 20m，对隧洞无影响。渡槽方案因无良好的基岩持力层，采用摩擦桩时，液化深度范围内需考虑桩的负摩擦效应；场地的地震效应影响，由基岩破裂，或已有断层的错动产生的地震由震源发出，以纵波与横波的形式向四面八方传递，传至建筑物地下的基础后又经过土层向地面传递，地震波一经传入土层立即增强。哪怕地下深处不很强的震动，传至地面后常成为相当强的震动。

穿黄工程场地土为中软土，场地类别为Ⅱ类场地。土层对地震具有放大作用，自地表以下 15m 至地表土层放大作用明显，15～25m 范围内有一定放大，而 25m 以下基本上无放大，隧洞埋藏于地

表 26m 以下，其抗震条件较好，而渡槽主体结布置于地表，基础 20m 范围内也要考虑土层对地震放大效应，上部结构也要进行抗震设计。

穿黄方案除去前文提到的抗震问题和边坡稳定问题之外，还有震陷问题、基础冲刷、承载力、不均匀沉陷等问题，就两个方案针对这些问题进行分析比较，比较结果见表 10-1。从表 10-1 可知，从工程地质的角度说隧洞方案优于渡槽方案。

表 10-1　　　　　渡槽与隧洞方案工程地质条件比较

| 位置 | 比较项目 | 隧洞方案 | 渡槽方案 | 比较结果 |
|---|---|---|---|---|
| 河道 | 基本要求 | 对地质条件要求简单 | 对地质条件要求相对较高 | 隧洞 |
| | 抗震性 | 抗震性能好 | 抗震性能相对较差（地震加速度的放大系数） | 隧洞 |
| | 振动液化 | 影响较小 | 振动液化问题较大 | 隧洞 |
| | 振陷问题 | 没有（区内无大规模活断裂）<br>即使有，影响相对较小 | 没有（区内无大规模活断裂）<br>即使有，影响相对较大 | 隧洞 |
| | 基础冲刷 | 无 | 有 | 隧洞 |
| | 承载力 | 相对低 | 相对高 | 隧洞 |
| | 不均匀沉陷 | 相对小（荷载分布均匀且小：线荷载） | 相对大（荷载分布不均匀且大：点荷载） | 隧洞 |
| | 其他问题 | 内水压力、外水压力河床下砂层蠕动变形问题（洞线设计成弧形） | | 渡槽 |
| 两岸 | 边坡稳定 | 最大边坡高度超过百米 | 最大边坡高度 50 余 m | 渡槽 |
| | 土洞稳定 | 土洞长度较大 | 土洞长度较小 | 渡槽 |
| 比选结果 | | | | 隧洞 |

## 4.2　穿黄隧洞方案综合评述

1. 工程总体布置

穿黄隧洞方案按南水北调中线总干渠工程规划要求，采用闸前常水位方式控制。可以在输送不同流量时，通过调节穿黄隧洞出口工作闸门开度，控制"A"点水位为常水位。对于输送小于 $500m^3/s$ 流量时，在工作闸门前、闸后所出现的水头差，在闸后设置了消力池给予消除；为保证闸门开度调节灵活可靠，选用弧形闸门；同时为避免闸门频繁调节，在出口闸室设有侧堰，当穿黄隧洞出口闸门因事故开度过小或无法开启，造成泄量小于来量时，随着出口闸门前水位的壅高，全部或部分水流可自侧堰溢流进入出口闸室的中孔，再排入下游消力池，以此控制闸前水位，满足总干渠运行要求。

此外为保障工程安全，除在穿黄隧洞进口设置了事故闸门外，还在其上游河滩明渠右侧布置了退水闸，必要时可开启退水闸退水，以防止南岸渠道水位过度升高，确保工程安全。

2. 穿黄隧洞技术性能

技术保障措施完备。穿黄隧洞主河床段最小埋深为 26m，在最大冲深 20m 以下，无冲刷隐患；深埋于亚黏土层和中砂层中，无振动液化问题；双线隧洞间距 32m，净距超过 2.5 倍的开挖直径，独立工作，互不干扰；通过选用双层衬砌、多道防水、合理分缝、围土注浆等技术措施，使盾构隧洞具有稳定性好、结构可靠、纵向沉降小、防渗性能好等特性，可确保长久、安全运用。

结构简单、工作可靠。穿黄隧洞最大的结构特点是无上部结构与下部结构之分，除衬砌结构外，无需配置大型基础结构，结构简单。据布置，隧洞中心处最大内水压力水头约为 53m，最大外水压力水头约为 40m，最小外水压力水头约为 34m。

纵向变形与防渗满足要求。盾构隧洞双层衬砌，外衬为拼装式管片，内衬为现浇预应力结构，纵向一般按 9.6m 分段，每一环缝采用 29 根中 32 的螺栓连接，因而纵向为一连续的弹性结构，对纵向变形的适应性强。将衬砌接缝的最大纵向张开度和垂直错动量计算值与允许值比较，可知满足结构变形和衬砌防渗要求。

抗震性能好。工程场址的基本地震烈度为Ⅶ度。地面结构主要受地震惯性力作用不同，地下结构受地震的影响主要来自结构周围

岩土介质在地震传播经过时的变形，作用于结构上的地震惯性力可直接传递到结构周围岩土介质上，因此地下结构比之地面结构具有更好的抗震性能，结构强度的安全度较高。穿黄隧洞在主河床中最小埋深26m，已越出振动液化区，地震的动力效应影响较小。

耐久性好。穿黄隧洞流速低，无汽蚀问题；中线总干渠为清水走廊，即使上游渠道发生塌方，泥沙入渠形成推移质，在隧洞上游的截石坑拦截下，也不会进入隧洞内，可以最大限度上保证洞内无淤积、无磨蚀问题。特别是隧洞位于地下，免受温度、冰冻、大风、意外荷载（包括战争）等不利因素的影响；采用双层衬砌，各层衬砌独立工作，可长期安全运行。

3. 盾构法施工技术

根据工程的地质条件，选用泥水加压盾构。通过选择合适的泥浆性能指标，以及开挖过程对土砂切削量的控制和对溢水量检查，可以有效地监控和保证开挖面稳定。经工程实例调查类比，该工程一次性推进长度3.5km是可行的。

4. 生态与环境影响

通过对孤柏嘴线和李村线环境影响综合分析和比较，认为两方案的实施均不存在制约工程实施的影响环境因子。相比而言，隧洞方案受环境的制约因素较少，对周围环境影响也较小。

根据以上研究分析认为，孤柏嘴线或李村线隧洞方案与穿黄河段河势、防洪均无实质性相互影响；工程布置满足中线总干渠规划要求；盾构隧洞技术性能好，施工技术成熟；由于设置了健全可靠的安全监测系统，可以做到防患于未然；通过采取措施，达到与地面结构相近的检修条件；隧洞位于地下，与地面结构相比，可免受温度、冰冻、大风、意外灾害等不利因素影响，耐久性好，检修维护相对简单，这对穿黄工程长期安全运行是十分有利的。

## 4.3 穿黄渡槽方案综合评述

1. 工程总体布置

穿黄渡槽双槽布置，调度运用灵活，供水保证率高；采用简支等跨布置，对基础沉降具有较强的适应性；北岸渡槽末端槽底板底面高出桃花峪水库 300 年设计洪水位 2m 以上，并高出千年一遇校核洪水位 0.5m，能够满足渡槽槽下净空要求；渡槽明流输水，节约了 4m 以上的水头，为优化黄河以北总干渠线路提供了有利条件。

2. 渡槽结构

薄腹梁矩形渡槽结构简单，受力明确，梁槽一体，能最大限度地利用有效水头。渡槽槽身结构采用三向预应力技术，按抗裂设计，经过多种方法各种工况的计算分析，结构正截面处于受压状态，槽身跨中最大变位仅 3cm；渡槽下部结构采用大孔径混凝土灌注桩基础，超载能力强，运行安全可靠，拉、压应力均在设计规范允许范围内，基础沉降量仅 1.5～4.0cm。均满足设计要求。

根据中国水科院结构抗震中心对渡槽结构抗震研究的结果，地震作用不是槽体、墩体的控制因素，穿黄渡槽满足抗震要求。

3. 渡槽施工技术

主河槽段施工采用施工栈桥连接两岸交通，极大地方便了南北两岸资源的统筹安排。北岸滩地开阔，利于施工设施的布置，可组织安排多工作面快速施工，保证施工进度的顺利进行。

渡槽下部大直径混凝土灌注桩、承台、空心墩等结构，施工技术成熟、常规，国内已有丰富的工程经验。

渡槽槽身施工所需的大型机械设备（造桥机），国内已有较强的研发能力和丰富的制造经验，在大型的桥梁工程和渡槽工程施工中已广泛采用。

4. 渡槽方案主要特点

渡槽上部结构为简支预应力混凝土矩形槽，结构简单，受力明确，刚度大，按抗裂设计，结构安全可靠；渡槽下部结构为混凝土灌注桩，超载能力强，抗震性能好，目前在黄河下游桥梁工程中广泛采用。

渡槽施工技术成熟，不需要从国外进口施工设备及材料，国内施工技术满足工程要求。

渡槽施工在地面上进行，施工过程中不确定和不可预见因素

少，不受河床复杂地质条件的影响，有利于工程进度和投资控制。

渡槽工程为地面上建筑物，槽顶设有交通通道，运行管理方便，易于发现问题，检修时间短、费用低。

渡槽工程规模宏大，能够体现国内现代水利技术水平，是南水北调工程中最为壮观的人文景观，可以成为具有较高开发价值的旅游资源。

渡槽位于地上，常年经受风吹日晒，抗老化是渡槽的主要研究课题。目前新技术新材料不断出现，高性能混凝土研究取得许多新的成果，为保证渡槽的长期安全运行提供了有利的条件。

## 4.4 穿黄工程方案综合比选

穿黄工程方案的决策不仅仅是地质问题，实际上地质问题仅仅是穿黄工程方案不太重要的一个因素。穿黄工程方案受多种因素的制约，也包括一些人为因素、社会因素。为确定此方案，有关部门曾组织了多次的、多方面的咨询研究。穿黄工程方案各方面的意见，归纳起来见表 10 - 2。根据此表比选结果，应该说隧洞方案略优于渡槽方案。

表 10 - 2　　　　　　　　穿黄工程方案综合比选

| 主要问题 | 隧洞方案 | 渡槽方案 | 比选结果 |
|---|---|---|---|
| 黄河水位 | 桃花峪水库的滞洪水位对穿黄方案的选择具有较大影响 | | — |
| | 桃花峪水库对隧洞方案影响不大 | 桃花峪水库兴建与否对渡槽方案影响较大 | 隧洞 |
| 黄河河势 | 总体来说，上下线从对河势影响方面看无本质区别，无论渡槽方案还是隧洞方案对黄河河道都有缩窄，修建适当的控导工程后都能满足防洪安全和河势稳定要求 | | — |
| | 隧洞深埋覆盖层中，缩窄河道后影响小 | 槽墩阻水，槽墩冲刷，对下游水流影响大 | 隧洞 |
| 工程布置 | 报告中提出的隧洞布置方案基本合理，但出口斜坡段的布置形式和处理措施还有待进一步研究 | 报告中提出的渡槽布置方案基本合理，整体性好，受力明确，常规结构 | 渡槽 |

续表

| 主要问题 | 隧洞方案 | 渡槽方案 | 比选结果 |
|---|---|---|---|
| 结构设计 | 隧洞的结构设计基本合理。内外衬砌单独受力适应有压输水隧洞的受力特点。整体变形适应性较强。竖井段与水平段的连接问题尚需进一步研究 | 渡槽的结构设计基本合理，受力条件明确。桩基础的不均匀沉陷问题还有待进一步研究 | 隧洞 |
| 地震影响 | 建筑物深埋地下，抗震性能好 | 建筑物位于地面以上20余m，且结构重心偏高，抗震性能差 | 隧洞 |
| | 主洞段的埋置深度均在液化层以下，仅斜井段穿过液化层，处理范围较小 | 所有桩基均穿过液化层 | |
| 检修 | 深埋地下，检修较难 | 位于地表，检修方便 | 渡槽 |
| 施工问题 | 采用泥水加压盾构施工在国内外均有成功的施工经验。按国内外施工经验，施工进度可满足总工期的要求 | 按设计要求需2800t级50m跨度造槽机施工，目前国内外尚无满足上述要求的造槽机具。研制和投入生产还需一个过程；超长大直径灌注桩的造孔施工存在一定的风险 | 隧洞 |
| 运行管理 | 按目前布置方案具备检修条件 | 渡槽正常检修、维护较为方便 | 渡槽 |
| 两岸连接 | 对两方案来说南岸过邙山段尚需进一步论证 | | — |
| | | 北岸连接渠的高填方段的抗液化措施还需进一步落实 | 隧洞 |
| 耐久性 | 深埋地下，耐久性好 | 暴露地外，易老化破损 | 隧洞 |
| 工期 | 相当 | 相当 | — |
| 环境影响 | 对自然景观影响小 | 对自然景观影响大，增加人文景观 | 隧洞 |
| 工程造价 | 相当 | 相当 | — |

# 5 穿黄线路综合比选

## 5.1 穿黄线路工程地质条件比选

如图 10-1 所示，穿黄线路共有孤柏嘴线、孤柏嘴上线和李村线三个比较方案。

孤柏嘴上线、孤柏嘴线位于孤柏嘴口下约 0.2km，孤柏嘴为一天然节点，主流靠岸，河面较窄河床稳定，水流集中，摆幅较小，河势稳定，枯水期河床宽仅 1km，近 50 年基本未变。孤柏嘴线路邙山岸坡坡高 50～80m，坡度 35°～40°，岸坡天然稳定性好，隧洞可利用 $Q_4$ 黏土层且不受砂土振动液化和砂层蠕动的影响，两岸工程量小或简单。

李村线位于孤柏嘴上游约 2km，附近黄河主流贴岸，河势稳定性差，自然边坡高 49～70m，平均坡度 40°～50°，受黄河水迎流顶冲，岸坡较陡，存在岸坡稳定问题。受大气降水入渗作用，岸坡上发育有滑坡、崩塌和潜蚀洞穴等物理地质现象，两岸工程量大或处理难度大。河床地质结构对隧洞的适应性相对较差。

穿黄工程三条线路的地质结构基本相同，工程地质条件相似，线路的比选主要应考虑黄河河势、河宽、两岸地形地貌、工程型式与地质条件的和谐、运行安全性等条件，综合比较见表 10-3。

从工程地质角度看，孤柏嘴线、孤柏嘴上线相对优越，既可采用隧洞方案，也可采用渡槽方案；其次为李村线，可采用渡槽方案，隧洞方案的适应性相对较差。

表 10-3　穿黄工程李村—孤柏嘴河段各线路建设条件比较

| 比选项目 | 孤 柏 嘴 线 | 李 村 线 | 孤柏嘴上线 |
|---|---|---|---|
| 邙山岸坡稳定性 | 邙山岸坡已远离黄河，自然稳定性好 | 邙山岸坡处于冲刷状态，稳定性差，需采取护岸工程措施 | 邙山岸坡已远离黄河，自然稳定性好 |

| 比选项目 | 孤柏嘴线 | 李 村 线 | 孤柏嘴上线 |
|---|---|---|---|
| 南岸工程量 | 线路穿越邙山黄土最短，且利用天然冲沟（满沟），开挖量最小 | 线路较孤柏嘴线长1km，开挖量大，渠坡的维护成本高。由于南岸没有漫滩，需要通过大开挖来开辟工程用地 | 线路穿越邙山黄土最短，且利用天然冲沟（满沟），开挖量最小 |
| 北岸明渠段工程量 | 漫滩宽度最小，但线路最长。填方高度相对较小，漫滩段地基处理的线路长度最小 | 漫滩宽度最大，但线路较长。填方高度相对较大，漫滩段地基处理深度稍小 | 漫滩宽度仅次于李村线，线路较短。填方高度仅次于李村线 |
| 饱和砂土振动液化 | 深度基本相同，对隧洞没有影响，对桩基有负面影响。需要处理的线路长度最小 | 深度基本稍小，对隧洞没有影响，对桩基有不利影响，需要处理的线路长度最大 | 深度基本相同，对隧洞没有影响，对桩基不利 |
| 河床下砂层厚度 | 较小（约24m） | 较大（约39m） | 较小（约24m） |
| 对主体工程型式的适应性 | 隧洞方案：主河槽段可利用第三系基岩 | 隧洞方案：河床下第四系黏土层被冲蚀成低槽，南岸缺少施工场地，适应性差。渡槽方案：桩基深入第三系基岩，三条线的工程量相近 | 渡槽方案：桩基深入第三系基岩，三条线的工程量相近 |
| 砂层蠕动对工程的影响 | 对隧洞没有影响 | 对隧洞影响不大，对渡槽桩基有影响 | 对渡槽桩基有影响 |
| 地震影响 | 对隧洞影响较小 | 对隧洞影响较小，对渡槽影响较大 | 对渡槽影响较大 |

## 5.2 穿黄线路综合比选

对李村线和孤柏嘴线研究表明：两线布置方案均满足总干渠运行要求，采用隧洞过河与穿黄河段防洪与河势无实质性相互影响，

隧洞因埋于河床之下，与该河段的整治规划不矛盾。两线水文条件、地质条件基本相同。因此无论是李村线还是孤柏嘴线都是可行的布置方案。但由于孤柏嘴线黄河南、北两岸均有较好的施工场地，有利于永久建筑物和施工场地布置，施工组织设计较为灵活，线路较短，工程量较小，总体投资较省，故认为孤柏嘴线略优。

# 关于《南水北调中线一期穿黄工程可行性研究报告》的几点意见*

2003 年 8 月 22 日，由黄河水利委员会勘测规划设计研究院编制的《南水北调中线一期穿黄工程可行性研究报告》正式进行审查。笔者除在会上提交了正式的审查意见之外，针对报告中存在的问题，会后给因故未参加审查会的设计院副总工程师马国彦提出了以下意见。

马总：

关于中线穿黄工程地质勘察部分有几点情况向您汇报一下：

（1）此阶段编制的工程地质勘察报告总体来说水平不高，种种原因使报告的内容比较混乱，部分问题谈得过于简单，也有漏项，错谬之处较多。但这些问题只能提醒设计单位在下阶段研究论述。

（2）河床中局部存在含砂砾石壤土透镜体，但一般砾石含量不高，据介绍一般不大于 10%，对隧洞施工影响不大。

（3）报告中提到河床中分布有淤泥层，经分析目前在隧洞段，淤泥层应为含腐殖质的壤土层，因其上下均为透水性较好的砂层，淤泥层已固结良好，标贯击数已达 20 击，强度较高，对工程影响不大。

（4）河床中存在相对连续的隔水层，其下可能有承压水，已提醒设计单位在勘探过程中注意观测、分析。如此层确实存在，在过河隧洞施工过程中若被击穿，可能会出现一定量的涌水。

（5）青风岭—S 点线路（桩号 16＋000～19＋000）目前未做勘

---

\* 此文为笔者就《南水北调中线一期穿黄工程可行性研究报告》写给黄河水利委员会勘测规划设计研究院副总工程师马国彦的一个便笺。

探工作，无钻孔控制。

（6）交叉建筑物、穿黄隧洞出口建筑物、南岸退水闸等建筑物勘测工作均较少，且缺专门工程地质图件。

（7）报告中的物理力学指标整理混乱，且存在一些矛盾，下阶段需进行协调统一。

# 第十一回

# 千秋功罪，自有后人评与说

## ——长江三峡工程库岸稳定问题阶段评估

诗曰：

滚滚长江兴废多，猿啼两岸对船歌。

平湖万顷胜瑶境，大坝百米阻洪魔。

高楼比阶连库畔，巨轮来往过宽河。

工程利蔽千年事，留与渔樵自评说。

列位看官，这首七律题为《三峡工程阶段性评估有感》，是笔者 2008 年参加三峡工程阶段性评估时所作。2008 年 3 月的一天，中国

长江三峡工程大坝全景

科学院地质与地球物理所的王思敬院士给我打来电话，告知中国工程院拟组织一批专家对长江三峡工程进行阶段性评估，问我有无时间参加？1986 年 6 月，中央和国务院曾组织全国知名专家对三峡工程进行全面论证，那时我刚刚大学毕业不久，还属于小屁孩阶段，不可能参加论证工作。三峡工程的勘察设计工作由隶属于长江水利委员会的长江勘测规划设计研究院承担，与我所在工作单位无关。后来因为工作关系笔者虽去过几次三峡工程现场，但都属于参观性质，没有对其做过任何实质性工作。对于这样举世瞩目的工程没有介入进去，没有做一点点工作，一直引以为憾。20 多年过去，三峡工程早已于 1994 年 12 月开工建设，现在要进行阶段性评估并邀请笔者加入专家组，真是我梦寐以求、求之不得的大好事。于是愉快地答应了。

据说，进行此次论证工作是由钱正英、潘家铮等几位老前辈提议的，他们都是当年力主上三峡工程的顶尖领导和专家。按工程建设的正常程序，水利项目的实施一般是在工程开工建设前进行一系列论证，包括工程规划、项目建议书、可行性研究、初步设计等，而工程开始实施后就要等到工程完工才能进行工程竣工验收和评估论证。而三峡水利枢纽是世界上最大的水利工程，规模巨大，技术复杂，涉及面广，建设周期长，影响深远。从 1989 年完成论证并提交可行性研究报告至今已近 20 年，三峡枢纽也已基本建成，并发挥了重大效益，但质疑之声仍然不绝，也出现一些新的情况和问题。鉴于老一辈专家相继谢世，老专家们认为：有必要组织一批超脱和有造诣的专家，包括一些健在的老专家，根据目前实际情况，对已往的论证和可行性研究报告所作的结论进行一个阶段性的评估，使三峡工程做到多利少弊，长期为人民服务。几位老专家这种为国家、为人民、为子孙万代负责的精神着实令人感动。另一方面，三峡工程计划工期 17 年，老专家们担心等到工程完工时他们可能已经作古，不能参加三峡工程竣工后的最后评估了，因此他们希望提前做一个阶段性评估。

2007 年 7 月 27 日，原三峡工程论证领导小组组长钱正英，副组长陆佑楣、潘家铮上书国务院副总理曾培炎，建议对 1986 年至

1989年间进行的三峡工程论证及可行性研究阶段的结论进行一次评估，并建议委托中国工程院进行。该建议被曾培炎副总理和温家宝总理批示同意。

专家组很快成立。此次评估分为10个专题组，笔者参加的是"地质与地震评估"课题组，由王思敬院士任组长，陈厚群院士、卢耀如院士任副组长。专家组共有17人，几乎都是中国科学院、中国工程院的院士和国家勘察大师。据说为了三峡工程今后论证的连续性，聘请评估专家时特别强调适当吸收年轻一代专家，因此我有幸成为专家组的一员。和我年龄相仿的还有成都理工大学的黄润秋、中国地质调查局的殷跃平。

此次评估目标是：对三峡工程的补充论证及《可行性研究报告》中的重大问题和结论，进行科学分析和客观评价，并按照科学发展观的要求，结合全球气候变化和我国经济发展新形势，提出对今后工作的相应对策和建议。"地质与地震评估"课题组评估的重点是：调查研究建库后发生的水库诱发地震及边坡失稳等情况，对其性质及建库影响给出客观的评价与预测，对地质灾害防治工程的实施和效果做出评估。

专家组成立后，2008年4月17—21日部分评估专家对三峡大坝及库区进行考察，参加人员包括项目领导小组成员、各课题组正副组长及工作组组长。考察团规格很高，由时任中国工程院院长的徐匡迪领队。由于规格高，一路上也就受到了高规格的接待，包括高级别的安保措施，这是我以前不曾经历的。

考察团一行登"长江公主"号船沿长江下行，沿途考察了奉节、巴东等几个大滑坡及移民安置情况，考察了巫山小三峡景区及大宁河水质情况，考察了三峡工程。船上听取了湖北省、三峡总公司、长江委等有关部门的汇报。这次大规模考察之后，我们"地质与地震评估"课题组又做过两次库岸稳定的专题考察。

现场考察的同时开始收集资料，各种资料堆到笔者的办公室有半柜之多。我们"地质与地震评估"课题组开过几次会议，讨论相关问题。笔者年轻，使用计算机和文字处理的能力比老同志好一

些，所以每次开会都由笔者做记录，整理成稿，然后再交专家讨论，如此反复多次。各课题组完成初稿后交中国工程院，工程院又组织过几次讨论会，最后定稿并由中国水利水电出版社正式出版。当时收集的那些资料一直都在笔者办公室堆放着。后来中国水利水电科学研究院陈祖煜院士做其他课题需要三峡资料，笔者就将大部分资料给了陈院士，并特意叮嘱他借走的资料不用归还了。还有少量资料在笔者手中，几次办公室搬家，有些给了总院的博士同事，但也有些被扔掉了。

三峡工程的评价到今天仍然有不同的声音，见仁见智，这些自有后人评说！没有料到的是在我们评估工作正值高峰的时候，2008年5月12日四川汶川发生了8.0级特大地震，69227人遇难，374643人受伤，17923人失踪，国家和人民财产损失不可计数。这时三峡工程又被舆论推到了风口浪尖上，一些人认为汶川地震就是因为修建三峡水库诱发的。笔者在灾后不久参加北京市九三学社举行的座谈会，一位曾到震区现场救灾的医疗专家侃侃而谈，抨击三峡水库的兴建导致了汶川地震的发生。笔者作为三峡评估的参与者和地震地质专业一名技术人员，不得不在会上对那位医疗专家进行了反驳："您是医疗专家，但不是地震地质专家，您所说的很多观点都是外行话，属于主观臆断或道听途说"。随后笔者给他讲了水库诱发地震的基本常识和三峡水库诱发地震情况，结果是不欢而散。

汶川地震确实给四川人民乃至中国造成了巨大的损失，但地震前后如果有一些预先评判也许会极大地减小这种损失。汶川地震前几年，笔者曾参与该地区一个滑坡的评估工作，它也关系着上千人的生命，而笔者所做的工作直接减少了上千人的伤亡。欲知后事如何，且听下回分解。

# 三峡工程阶段性评估报告（库区地质部分）*

三峡工程规模巨大，技术复杂，涉及面广，建设周期长，影响深远。对三峡工程的评估是一项复杂而艰巨的任务。根据评估任务和项目特点，专家组将评估任务分解为地质与地震、水文与防洪、泥沙、生态环境、枢纽建筑、航运、电力系统、机电设备、财务经济和移民等 10 个课题评估组，平行开展评估工作，并在评估过程中，组织综合考察及广泛而充分的讨论与交流，以达到交叉评估、互相验证的目的。

课题评估是项目评估的重要基础。在评估过程中，各评估课题组根据评估任务和专业特点，在充分研究的基础上，确定了具有本课题特点的评估内容和评估方法。采用的评估方法是以对比分析为主、其他方法为辅、定量计算与定性分析相结合的综合评价方法。

地质与地震课题是三峡工程阶段性评估项目主要课题之一，有两大任务，即库岸稳定性和水库诱发地震。其中有关库岸稳定的评估意见如下。

## 1　1986 论证和 1989 可行性研究结论有关结论

（1）现有资料可以满足三峡工程可行性研究阶段论证的要求。

（2）库岸总体稳定条件较好，蓄水后虽可能引起岸坡局部性失稳，但不会改变库岸稳定的基本现状。

（3）干流体积在 10 万 $m^3$ 以上的崩塌、滑坡体已基本查清，蓄水后滑坡复活和新的基岩滑坡、崩塌不多，对水库库容和寿命无实

---

* 此文为笔者参与由中国工程院主持编写的《三峡工程阶段性评估报告》（中国水利水电出版社出版，2010 年）中的一章。

质性影响，不影响水库正常运行。

（4）近坝26km库段内不存在直接威胁枢纽建筑物施工和运行安全的不稳定岸坡和崩、滑体；按最不利的条件计算，能造成的最大涌浪高约2.7m，不会危及工程安全。

（5）水库形成后，崩塌、滑坡对长江航道的危害将大大减轻或基本消除。

（6）崩塌、滑坡引起的涌浪，对滑坡体上居民及附近城镇可能造成一定程度的危害。城镇选址布局应注意避开崩塌、滑坡区及涌浪影响区；库区开发建设中，应力求减少或避免造成新的大型崩、滑灾害。

（7）不论是否兴建三峡工程，三峡库区岸坡变形及局部失稳都是自然条件综合作用下的客观必然现象。

（8）崩塌、滑坡都是有前兆的，可通过监测预报或采取一定的工程措施，减缓其活动性和危害程度。

## 2 建设期间的地质灾害治理及其效果

（1）库区地质灾害得到有效的追踪和治理。三峡库区地质灾害的追踪与治理工作是随着勘察阶段的不同而有所侧重。前期，主要开展了系统的工程地质勘测（积累了长达30多年的资料）、地质灾害勘查和重大灾害点的治理（如链子崖危岩体），侧重地质灾害对枢纽工程及航运的影响。中、后期，随着移民迁建，移民城镇地质灾害问题被提到工作日程。1997年与1998年，国务院三峡建委三峡移民局提出了"加强迁建施工过程中人为地质灾害的预防与地质管理""开展库区移民安置点地质灾害普查、规划与分批实施、建立地质灾害监测系统"等建议。

（2）二、三期移民工作中强化了地质灾害的防治。2001年7月，国家设立40亿元专项资金对2003年水库蓄水135.00m水位的地质灾害进行治理（二期规划）；又对2006年汛后水库初期蓄水156.00m水位和2008年汛后试验性蓄水175.00m（实际蓄水至

172.80m）水位前受影响的库岸地质灾害进行防治（三期规划）。针对迁建中的高切坡问题，编制了《防护规划》并实施了治理。

## 3　三期规划

三期规划地质灾害搬迁避让项目 646 处，涉及 6.99 万人；规划群测群防监测点 3113 处，监测保护人口近 60 万人，其中专业监测点 251 处。通过二、三期工程治理，库岸稳定性得到加强，崩塌滑坡对移民迁建城镇、重要迁建点和航运的危害大部分得以解除，改善了库区地质环境。

## 4　基本评估结论

（1）2003 年蓄水以来，经 135.00m、156.00m 水位考验，干流岸段未出现严重的库岸失稳，验证了"库岸稳定性较好，不会改变库岸稳定性基本现状"的结论。

（2）论证及可研报告关于库岸稳定性对大坝枢纽安全、水库正常运行无严重影响及长江航道改善的结论是正确的。

（3）论证中指出"水库蓄水后，松散堆积体的塌岸也会危及部分居民点的安全""移民安置和城镇新址选择，应做好相应的地质工作，避开稳定条件差的斜坡地段及可能的涌浪影响区"。这一结论基本正确，为移民迁建指出了方向。

（4）三峡工程兴建期间，进一步查明了库区地质灾害状况，并对威胁城镇的崩塌、滑坡、高切坡进行了处置，对防范库岸失稳起到了控制作用，减轻了危害。

（5）水库 175.00m 蓄水对库岸稳定影响估计：

1）二、三期地质灾害治理，使蓄水 175.00m 水位后可能集中突发的城、集镇所在地的老滑坡复活和大规模塌岸灾害基本得到控制。

2）从 135.00m、156.00m 蓄水及 175.00m 试验性蓄水情况看，

蓄水后库岸变形量有所增大并产生少量崩塌、滑坡，因此蓄水175.00m 水位后，库岸稳定性仍值得注意。

3）库区地质条件复杂，参照国内外已有水库的经验，蓄水175.00m 水位后至运行初期 3～5 年内，可能会产生一些崩塌、滑坡及涌浪灾害。

总体而言，论证关于库岸稳定性及其对大坝、库容及长江通航影响的结论是正确的；关于库岸稳定对移民城镇建设的影响，仅做了宏观的判断，其结论基本正确。

# 5 对下一阶段工作的建议

（1）强化有针对性的科学研究。鉴于库区工程地质环境的复杂性，尤其还未进行 175.00m 到 145.00m 水位骤降强扰动影响试运行，加之峡谷区陡坡稳定和支流地质灾害的防治工作还是薄弱环节，有必要加强有针对性的研究，以利于水库科学管理。

（2）严格控制城镇规模，加强高切坡风险管制，保护地质环境。库区城镇建设规模迅速扩展，个别超过原规划规模，严重超出了地质环境容量，扰动了已有的边坡、滑坡防治工程，埋下了人为的灾害隐患。为此，应加强对库区城镇和基础设施的风险管理，尽快完善城镇发展规划，特别是加强对高切坡和滑坡区市政建设的严格管控，限定城镇规模。

（3）加强监测，建立库区地质灾害防治的常设机构与长效机制。鉴于地质灾害监测的长期性、连续性和必要性，建议以库区现有的监测队伍为基础，建立健全一支稳定的专业性强的地质灾害监测、预警和高效应急处置队伍。

第十二回

# 一语成谶，数千生灵免涂炭

## ——汶川地震前的漩口镇移民安置点稳定性论证

词曰：

地陷山崩，泪飞雨，汶川一页。知多少，废墟堆下，骨魂湮灭！哭我同胞何复返，救人性命最急切！手牵起，姐妹弟兄兮，声声咽。

出些力，献点血；滴泉汇，江河列。用君之美好，点亮圆月。历古腾龙焉怕鬼，而今夺路更无怯。祭天人，采朵杜鹃红，朝前越！

这首《满江红·地震歌》是一位唤作塞上雪魂心的先生所作，描写的是 2008 年 5 月 12 日下午 2 时 28 分四川汶川 8.0 级地震发生后的悲惨景象和全国军民协力救援抗击地震的壮观场面。地震发生后，汶川、北川、茂县等几个县市房屋倒塌、桥梁断裂、道路中断、山坡塌滑。强大的地震波震动全川，摇撼全国，瞬间夺去了 8 万多人的生命，给国家和人民造成了巨大的经济损失。

另有一位网友作一首七律《为四川汶川地震遇难之兄弟姐妹祭》：

地陷西南一命轻，万千魂魄赴幽冥。泪垂坎坷家国事，心系炎黄风雨声。

莫恨阴阳成异路，当传肺腑报丰城。九州四海同相济，天若无情人有情。

汶川地震发生不久后在单位开会，聊起了汶川地震。总院的陈伟副院长对笔者说："你的一句话救了漩口镇的几千条性命。"笔者

207

2008 年汶川地震后的漩口中学遗址

一时还没有明白，问其究竟，才说起 2004 年 9 月下旬我们在四川紫坪铺漩口镇搞的一次技术咨询。

漩口镇位于汶川县东南部，距汶川县城 67km，辖区面积 104.03km²，总人口 15215 人。"5·12"汶川特大地震造成该镇遭受严重破坏，全镇因灾遇难 751 人，受伤 4915 人，直接经济损失 43.76 亿元。

2004 年 9 月 24—26 日，江河水利水电咨询中心组织长江勘测规划设计研究院、水利部长江勘测技术研究所、中国科学院地质与地球物理研究所、国家电力公司成都勘测设计研究院、成都理工大学及西南交通大学的地质专家，在四川省都江堰市就紫坪铺水库移民安置漩口镇水田坪新址有关地质问题进行了专题咨询。参加咨询会的还有四川省人民政府大型水电工程移民办公室，阿坝州政府、移民办，汶川县县委、县政府及有关部门，紫坪铺开发有限责任公司，四川省水利水电勘测设计研究院的有关领导和代表。专家们听取了勘察单位四川省水利水电勘测设计研究院对水田坪新址的勘察成果介绍，查看了现场，并就水田坪新址覆盖层成因、场址稳定性和建设条件等问题进行了认真的讨论。

当时，会议讨论很激烈。各位专家对新建场地的总体评价大体是一致的，都认为该场地构造发育，岩体破碎，表层第四系覆盖层结构松散且有滑动的迹象，工程地质条件较差。但具体如何处理却有几种不同的意见。一种观点认为：地质条件虽然较差，但经过处理是可以作为移民安置场地的。另一种观点认为：工程处理工作量较大，为保证移民安全，以另选场址为宜。笔者认为移民工作是关系到老百姓生命安全和安居乐业的大事，对国家来说不只是花多少钱的问题，更是关乎老百姓生命财产的安全，是天大的事。笔者极力主张另择新址。专家讨论结束后，将咨询意见向有关领导做了汇报，并充分讲述了不同措施的厉害。后来听说领导的最终决策是另寻新址。

4 年后，发生了那场撼动中国也撼动世界的汶川地震，8 万多条鲜活的生命在那场灾难中丧生。漩口镇移民因为选择了新的场址，从而避开了这场灾难。这就是本章开头陈伟院长所说的那句话。其实，笔者一直庆幸或感谢当时的领导，是他们的最后决策太英明了。曾经参加过无数次工程咨询，并不是每位行政领导都能听进专家的意见，有些是我行我素，或者是对领导有利的意见就听，违背领导意志的意见则就变成走过场摆样子了。

这也使笔者想起了另一次的咨询。那是 2006 年 8 月 9—11 日，四川省移民办组织有关专家对国家电力公司成都勘测设计研究院提出的《紫坪铺水库赵家坪堆积体稳定性评价工程地质勘察报告》进行咨询。参加会议的有四川省移民办，四川紫坪铺开发公司，四川省水利设计院，四川省阿坝州移民办，汶川县政府、移民办，成都勘测设计研究院等。专家们查看了现场，听取了设计院的工作汇报，并进行了认真的讨论，提出咨询意见如下：

（1）设计院做了大量的勘察和调查工作，证据充分，分析合理，报告中对滑坡的结论意见基本正确。

（2）赵家坪滑坡是一个古滑坡，其形成后在地质作用下，产生了廖鸡坪、飘棚子等多个次级滑坡体。目前廖鸡坪、飘棚子次级滑体上多处发生变形和裂缝，造成居民房屋和地面拉裂。

（3）分析表明，廖鸡坪、飘棚子次级滑体目前稳定性差，水库蓄水后有进一步加剧变形的可能，其变形将主要以缓慢的蠕变为主，产生高速滑坡的可能性不大。赵家坪古滑坡整体复活的可能性不大。

（4）鉴于廖鸡坪、飘棚子滑坡体上居民房屋目前拉裂严重，水库蓄水后将可能进一步加剧变形，建议廖鸡坪、飘棚子滑坡体上居民尽早搬迁，以确保人民生命财产的安全。董家山西侧的村落目前处于稳定状态，可在水库蓄水后视该处坡体的稳定情况再决定是否搬迁。

（5）建议对赵家坪滑坡作好观测工作。建议进一步分析计算廖鸡坪、飘棚子、赵家坪小学滑坡失稳后赵家坪古滑坡整体复活的可能性及在三个次级滑坡后缘产生变形或局部失稳的范围。

对于几个滑坡的结论笔者与参会的其他专家有些分歧，笔者很担心赵家坪滑坡在水库蓄水或遭遇地震时是否会失稳？滑坡边缘的那几家百姓的房屋是否安全稳定？特别是赵家坪小学是否安全？但后来笔者妥协了，没有坚持自己的意见。汶川地震后笔者一直担心赵家坪小学所处的山坡稳定状况，那几家百姓和学校的房屋是否安全，小学生们是否安全？

# 紫坪铺水库漩口镇水田坪新址地质专题咨询意见[*]

2004年9月24—26日，江河水利水电咨询中心组织长江勘测规划设计研究院、水利部长江勘测技术研究所、中国科学院地质与地球物理研究所、国家电力公司成都勘测设计研究院、成都理工大学及西南交通大学的有关地质专家在四川省都江堰市就紫坪铺水库漩口镇水田坪新址有关地质问题进行了专题咨询。参加咨询会的还有四川省人民政府大型水电工程移民办公室，阿坝州政府、移民办，汶川县县委、县政府及有关部门，紫坪铺开发有限责任公司，四川省水利水电勘测设计研究院的有关领导和代表。专家们听取了勘察单位四川省水利水电勘测设计研究院对水田坪新址的勘察成果介绍，查看了现场，并就水田坪新址覆盖层成因、场址稳定性和建设条件等问题进行了认真的讨论。主要咨询意见如下。

## 1 新址的基本地质条件

水田坪新址位于岷江紫坪铺水库右岸消水沟与岳石沟之间的910.00～1100.00m高程部位。场地地形起伏变化大，地面坡度5°～25°，冲沟两侧坡度达40°左右。基岩为三叠系上统须家河组的青灰、灰黑色薄至厚层状砂岩和灰黑色炭质页岩互层，夹数层煤层或煤线，地质构造复杂，地层产状变化大。第四系覆盖层为以崩塌、滑坡及泥石流堆积为主的碎块石土，厚度变化大，最厚达40余 m。

---

[*] 此文为笔者任组长起草的《紫坪铺水库漩口镇水田坪新址地质专题咨询意见》初稿。

## 2  对新址稳定条件及建筑物场地适宜性的基本认识

（1）根据现场调查及有关勘测资料分析，场地下部的须家河组地层，产状变化大，与该地区的构造特点基本一致，主要是构造作用的结果，产生深层基岩滑坡的可能性不大。场地内基岩面起伏高差较大，第四系覆盖层不是一个松散的整体，且基岩与覆盖层的接触面无明显滑动迹象，因此场地第四系堆积物不存在沿基岩接触面整体滑动失稳的条件。

（2）场地地形破碎，第四系覆盖层厚度较大，成因及物质组成复杂，结构不均一，且分布有多个规模不等的不稳定体。场内道路开挖形成的边坡已出现了许多局部坍滑，新建挡土墙部分地段出现了变形和滑移。因此场地局部边坡稳定问题严重，许多地段存在潜在滑坡或滑坍的可能性，工程地质条件差。

（3）综合分析认为，场地经处理后修建容纳 3000 人左右的居民集镇是可行的，但由于新址工程地质条件复杂，建筑物场地适宜性差，需采取稳妥可靠的综合处理措施，工程处理量大。

## 3  建议

（1）尽快补充地勘工作，对场地及附近地区地层岩性、构造及水文地质等地质条件做进一步调查，对场区内的第四系覆盖层按其成因重新进行分区，并在场地稳定性分区的基础上结合建设条件对场地进行建筑适宜性分区。

（2）进一步分析库岸再造、213 国道建设和集镇道路等基础设施建设造成的地质环境改变（如地下水条件及开挖卸荷等）对场地使用的影响。按照国土资源部要求，对场地建设用地地质灾害危险性进行评估。

（3）集镇详细规划应根据新的建筑适宜性分区图做相应调整。根据场地现状地质条件，场地内应严格控制建筑物、人工切坡和支护挡墙的高度。在库岸前缘、冲沟两侧应严格控制弃土堆放及建筑物布置。集镇规划中应设计完善的地表水和地下水排水系统，特别是复杂斜坡地段或高挡土墙地段，在满足有关规范要求的条件下，应适当加强地基和挡土墙本身的排水设施，并在技术上保证排水设施的有效性和持久性。

（4）严格按照建设程序和要求，对集镇建筑物、构筑物进行地基勘察，同时，做好集镇建设施工过程中的地质工作，并根据实际揭露的地质条件做好设计变更和设计优化，加强施工质量管理。

（5）针对不同地段开挖边坡现状和弃土边坡情况，采用工程和生物措施相结合的方法，对开挖边坡和弃土边坡进行支挡或防护，并将边坡等工程防护与生态环境的恢复及绿化美化结合起来。

（6）严格控制集镇建设规模，应在场地允许容量前提下制定未来发展规划。

（7）如有可能，建议与其他场地或移民方案做进一步的技术经济比选，另择新址。

# 黄原一梦，泾河建库可成真

第十三回

## ——陕西东庄水库岩溶渗漏问题的分析判断

诗曰：

黄沟黄垅黄沙岗，黄路黄屋黄土墙。

黄苗怨叹黄地热，黄烟怒卷黄天茫。

两行黄泪挂尘面，半瓢黄水润枯肠。

黄原千年一绿梦，碧水染出五彩妆。

列位看官，黄土高原是地球上面积最大的黄土区，它位于中国中北部，东西长 1000km 余，南北宽 750km，总面积 64 万 km²，横跨中国青、甘、宁、蒙、陕、晋、豫 7 省（自治区）大部或一部，她是中华民族古代文明的发祥地。但黄土高原的一个明显特征是干旱少雨，缺水严重，致使高原大部百姓生活困苦，挣扎在这黄土烟尘之中，甚至连饮用水都成了问题。

上面这首七律是笔者 2002 年春参加甘肃引洮工程考察时有感而作。为了解决干旱缺水问题，高原百姓日夜盼望能在高原上修建水利工程，拦洪蓄水，滋润万物。位于泾河上的东庄水库就是其中一项工程。

东庄水库位于咸阳市北约 80km 处的泾河下游峡谷末端，设计总库容 30 亿 m³，坝高 230m，建成后将是陕西库容最大、坝体最高的水库。水库建成后，将有效缓解泾河和渭河同时发生洪水时渭河下游的防洪压力，减少渭河下游河道淤积，减轻洪涝灾害，被誉为"陕西三峡工程"。东庄水库的勘察设计早在 20 世纪 50 年代就已开始，但是 70 年过去，东庄水库却仍未开工建设。其主要原因就是水库岩溶渗漏问题没有一个肯定答案。

2001年，笔者时任水利部水利水电规划设计总院勘测处处长。一天收到了一封人民来信反映东庄水库渗漏问题，写信人叫彭劲夫，是原水电部西北勘测设计研究院的一位老工程师，他曾经参与过东庄水库的勘察工作，对该水利工程特别是水库岩溶问题有较深的了解。他来信反映东庄水库的勘察与建设问题，并认为该水库岩溶渗漏问题是可以解决的，呼吁加快东庄水库的勘测与建设步伐。

在笔者担任总院勘测处处长期间，经常收到这种人民来信。这些信件一般都直达高层，低则水利部，高则国务院，甚至不乏直接写给国务院总理、全国人大常委会委员长。但是不管写到何种层次，几乎都是中央转到水利部，水利部转到其技术支撑单位——水利水电规划设计总院，总院再转到其职能处室——勘测处，也就是转到笔者手中了。这些信件大多出自高级知识分子甚至是某方面专家之手，多数讲得很有道理，但种种原因也难免偏颇，有失全面，甚至错误。2013年前后，笔者曾收到多封来自云南省文山州一位×姓老先生的来信。最初的信件也是从上级单位转来的，但因为笔者给他回了信，以后×先生就直接将信写给笔者，我们之间就有了多次信件往来。老先生反映的也是岩溶渗漏问题，认为云南某水库岩溶渗漏处理方案是不对的，花费了国家大量钱财，但渗漏问题没有得到根本解决。同时，老先生认为他已经发明了一种解决岩溶渗漏问题的理论和方法，用此方法可以简单有效地解决岩溶渗漏问题，若将此方法推广可以产生巨大的社会经济效益，并认为此发现甚至可以获得诺贝尔奖。笔者反复研读了老先生的来信，其中某些观点虽有可取之处，但因为老先生不是地质专业人员，其观点存在很多错谬，甚至有些说的是外行话，他所提出的理论和方法也称不上先进。笔者尽所能给老先生予以解释。后来笔者建议，如果老先生坚持认为自己的观点正确，不妨先写成一篇论文，由笔者推荐到中国最权威的工程地质学术刊物《工程地质学报》上发表，这样一可以提供给广大专家学者讨论，二也别埋没老先生的技术成果。很长时间以后听说老先生又有来信，但那时笔者已调离勘测处，后来这事

怎么处理就不知道了。

陕西东庄水库效果图

对于彭劲夫老总的来信，笔者不仅重视，也非常感兴趣。多年来从事工程地质勘察与研究工作，对一些重大或疑难的工程地质问题有特殊的兴趣，只要一听说哪个工程项目有工程地质技术难题，就兴奋，就想参与，就想研究研究。笔者当时就想联系彭总或有关单位对该项目的岩溶渗漏问题做一次咨询，共同探讨一下。但当笔者把这个想法告诉处里一位老工程师时，他劝笔者最好不要染指这一问题。他说："东庄岩溶渗漏问题已经争论多年，双方观点分歧很大，一直是不了了之。再者即使你观点正确，也难有结果，凭你一己之力，是很难推动或否定该项目。"笔者当时算是知趣，知难而退。后来也曾陪同水利部有关领导到过东庄现场，但也无结果。

东庄水库是陕西省在西部大开发和渭河流域综合治理中，唯一可供选择的大型水库工程。但东庄水库的开发存在三大问题：开发方案、泥沙问题和岩溶渗漏问题。受多种因素影响，三个问题的争论长达半个世纪之久，莫衷一是，致使工程迟迟不能立项。就岩溶渗漏问题而言，"激进"派认为：经过半个世纪的勘测、研究，东庄水库的岩溶渗漏问题已查明，可以认定该河段无渗漏。但"稳健"派认为：岩溶渗漏问题复杂，目前尚未查明，仓促上马，如有大的渗漏，水库不能按设计要求蓄水，将会给国家造成巨大损失。

岩溶是发育在可溶岩中的一种特殊的地质现象。所谓可溶岩就是岩石在水的作用下会像食盐一般慢慢溶解，最典型的可溶岩是石灰岩。当然工程地质学中的可溶岩并不像食盐溶解得那么快，能出现明显的溶蚀现象快者也需要几年，慢者要数万年甚至上亿年。但即使这样，自然的力量在漫长的历史时期中，也会鬼斧神工般地在岩体中雕刻出丰富多彩的地质地貌，专业上称其为喀斯特，闻名遐迩的桂林山水、云南石林以及各种各样的岩溶景观都是喀斯特杰作。

喀斯特景观虽然漂亮，但对于水利工程来说却是一个重大的工程地质问题，因为水利工程一般是要蓄水，而地下溶洞的存在常常使水库产生渗漏，不能使水库产生应有的蓄水作用。而岩溶渗漏通道的调查，与地质体岩性有关，与岩体中断层裂隙的发育程度及展布方向有关，与区域地质环境有关，与该区江河湖海的分布有关，等等。而在上述这些条件不可能完全清楚的情况下，要推断工程区或水库是否存在渗漏，从哪渗漏，渗漏量有多大，如何对渗漏问题进行有效处理，都是很难的事。同时，因为未知因素很多，不同的人对上述问题的判断就会存在很大的差异，甚至会出现截然相反的结论。

在工程地质工作中，几乎所有工程建筑的工程地质条件都需要作出上述的推测判断。在各项地质条件推测判断中，可以说岩溶问题难度最大。

工程地质勘察是一项复杂的工程技术，它是通过地表观测、钻孔、地球物理勘探、试验等手段获得一定的地质信息，运用地质科学理论，分析判断拟建工程区域的工程地质条件，并在此基础上兴

建工程建筑物。也就是说工程地质是通过有限信息，推测某一地质体的工程地质条件。在这由已知推未知的过程中，推测是否准确决定于两个方面：一方面取决于所获得信息的多少和准确度，获取的信息越多即所做的勘测工作越多且准确度越高，这种推测就越准确；另一方面取决于推测者的技术水平，推测者具有扎实的地质和相关学科的理论基础，具有清晰的逻辑思维能力和判断能力，且具有丰富的工程经验，他所做出的结论就趋于正确。

但是由于地质体隐藏于地面之下，看不见，摸不着，地质人员也是肉眼凡胎，不是神仙，再高的水平也不能保证对地质条件的判断完全正确。另外，从个人和社会两个方面，都会受到各种各样的影响，这也使工程技术人员对某一技术问题的分析判断出现差异。

从个人来说，技术水平的差异，知识面宽窄的差异，某种专项技能的差异，工程经验的差异，空间思维能力的差异，以及乐观或保守等思维方式的差异，都会影响分析判断的结果。在实际工作中，上述这些因素几乎都是隐形的，往往并不是谁主观上非要坚持哪一种观点，每个人都是为了对工程项目负责，甚至都是严谨的科学态度和工作方法。这些差异的存在常常会导致完全不同或截然相反的结论。于是工作中就会不停地争论或争吵，而这种争论往往是一吵就是几十年。

从社会角度来说，中国决策体制的不规范和政治环境也会影响某一工程地质问题或工程项目的结论。决策体制中最为明显的是行政长官意识，某一领导发话了，倾向于某一结论，有些技术人员的技术观点就会向领导倾斜，为领导的意见提供技术支撑。

中国工程界有一大批有技术、有思想、为国为民的专家学者，他们不计个人荣辱得失，仗义执言，不屈不挠，四处呼号，陈述他们的观点，分析工程的利害，劝阻工程实施或推动工程上马，具有林则徐"苟利国家生死以，岂因祸福避趋之"的精神。对于东庄水库，原水电部西北勘测设计研究院彭劲夫和陕西省水利水电设计院的濮声荣二位老先生可称范例。笔者并不是认为他们的技术观点都正确，只是为他们这种精神点赞。

为了推动陕西省东庄水库立项上马，陕西省水利水电设计院的濮声荣总工一直奔走呼号。2011年4月13—15日，在濮总的倡导下，在西安召开了东庄水库岩溶渗漏问题技术咨询会，会议邀请了十几位国内在岩溶领域颇有威望的专家学者。咨询上，濮总安排笔者第一个发言。笔者在建立了一个地质模型的基础上，认为：①东庄水库处于一个相对封闭的地块上；②水库渗漏以裂隙渗漏和裂隙型岩溶渗漏为主；③不存在大规模的管道型渗漏通道。因此得出结论：东庄水库在经过适当的工程处理后，从工程地质条件的角度说是成立的。

笔者发言后，其他专家也陆续发言并最后形成了正式的咨询意见。但正式咨询意见总体来说偏于保守，也未对东庄水库项目成立与否给出明确结论。在某些技术讨论会上，笔者的观点常常过于鲜明，因而使人觉得有些冒失，不够稳重，也可说不够圆滑。

之后，种种原因，笔者未再参加东庄水库岩溶渗漏问题的论证。但令人欣喜的是，东庄水库已于2018年6月29日全面开工建设，这是否意味着笔者当年的咨询意见基本正确？该工程工期8年，工程建成后笔者已经退休，濮声荣老先生届时已经90岁有余，而为东庄水库项目奔走呼号的彭劲夫老先生现已作古，东庄水库的岩溶渗漏问题会得到圆满解决吗？思之真有点儿"家祭无忘告乃翁"的感觉。

# 在陕西省东庄水库岩溶渗漏专题研究 报告咨询会上的发言提纲<sup>*</sup>

## 1 前言

初次接触；资料太多，未认真消化分析；专家们经过了几十年的论证，管中窥豹，难免片面、武断。

坝址比选两个制约因素：泥沙淤积、岩溶渗漏。

## 2 工程区工程地质基本模型

（1）工程区为可溶岩地区。

（2）工程区为岩溶不发育地区：盲洞、裂隙型岩溶（非管道岩溶）。

原因：$O_3$页岩地层覆盖，连通性不好。

（3）工程区处于一个封闭地块上。库底封闭（渗流测流试验）："结论，……当泾河流量在 $40 \mathrm{m}^3/\mathrm{s}$ 左右时，……在所测河段的水量基本上是平衡的，可以认定该河段无渗漏……"。

断层封闭。东南侧：下游沙坡断层及页岩、张家山断层及页岩。北侧：上游老龙山断层。西侧：唐王陵向斜构造。

断层的作用：①截断了岩溶的发育；②阻水封闭。

特殊的位置，巧妙的地质结构！

---

\* 此文为笔者在陕西省东庄水库岩溶渗漏专题研究报告咨询会上的发言提纲。

## 3　渗漏分析

地块封闭，以裂隙渗漏和裂隙型岩溶渗漏为主，不存在大规模的管道型渗漏通道。

## 4　处理措施

常规的帷幕截渗。
水库淤积层作为防渗储备措施。

## 5　下步工作

（1）认真研究、慎重对待；要用充足的证据证明报告论点的正确。

（2）随着资料的积累，大家的认识水平在不断提高，工程技术水平在提高，国家的经济水平也在大大提高。水库开发目标也发生了变化：从灌溉、供水到防洪、减淤。

（3）几点需要进一步落实、论证的事情：

1）1992 年 7 月研讨会的结论（当时论证的结论、专家的发言）。

2）桃曲坡、羊毛湾的渗漏问题。

3）风险应对——渗漏超标时的补救措施。

（4）有针对性地布置钻孔、平洞、试验等，为论点提供证据。

（5）进一步分析岩溶发育规律：①$O_3$盖层；②独立地块；③悬托型水库的反证；④渗漏途径。

（6）报告的修改：增加分析图件、加强分析、补充证据。

## 6　结论

（1）东庄水库岩溶渗漏是以裂隙渗漏和裂隙型岩溶渗漏为主，

不存在大规模的管道型渗漏通道。

（2）经过适当的工程处理，该工程在工程地质条件上是成立的。

（3）黄河万家寨工程实例：有渗漏，但允许一定量的渗漏，仍然可以建库。

# 《陕西省东庄水利枢纽工程岩溶渗漏专题研究报告》咨询意见 *

2011 年 4 月 13—15 日，《陕西省东庄水利枢纽工程岩溶渗漏专题研究报告》（以下简称《专题报告》）专家咨询会在西安召开。参加会议的有：陕西省水利厅洪小康副厅长、孙平安原总工、肖宏武副处长，陕西省东庄水库前期领导小组办公室主任雷春荣，特邀专家陈德基勘察大师及朱建业、徐福兴、刘钊、徐德威、李广诚、司富安、鞠占斌、刘明寿、董存波 9 位教授级高级工程师和陕西省水利电力勘测设计研究院（以下简称陕西院）院长王建杰、副院长吕颖峰、院长助理魏克武及勘察分院院长赵宪民、总工宋文博，东庄水利枢纽工程勘察主要负责人共 50 余人。会议由陕西院副院长吕颖峰主持，院长王建杰致欢迎词，陕西省水利厅洪小康副厅长作了重要讲话，濮声荣教高对专题研究报告进行了详细汇报。与会专家于 13 日亲赴工程现场进行了实地查勘，返回西安进行了认真讨论。

东庄水库的前期勘测设计工作从 20 世纪 50 年代开始，断断续续，至今已历时半个多世纪。陕西院为该库的前期勘测做了大量工作，几代勘测人员为此付出了心血，也取得了一系列重要的勘测成果。兴建泾河东庄水库的技术难点和争议主要集中在两点，即渗漏和淤积问题。陕西院《陕西省东庄水利枢纽工程岩溶渗漏专题研究报告》是在外委西北大学张国伟院士进行专题研究及广泛调研的基础上，汇集陕西院及诸多单位专家多年潜心研究成果，博采众长，独树一帜，对泾河东庄水库不存在永久渗漏问题形成了比较系统、比较完整且具有说服力的研究成果，证明了陕西院具有可以担负此

---

* 此文为笔者参加的《陕西省东庄水利枢纽工程岩溶渗漏专题研究报告》专家咨询会的咨询意见。

重任的技术实力。

目前在切实加快民生水利、资源水利和生态水利建设步伐的新形势下，总库容 30 亿 m³ 多的高坝大库泾河东庄水库的立项兴建，对促进关中—天水经济开发区发展，实现整个关中地区人水和谐以及推动陕西经济社会发展都将具有十分重要的作用和意义。

参加咨询会的专家及代表通过东庄水库现场查勘，听取专题成果汇报，进行认真深入地讨论，形成了咨询意见。与会专家一致认为：

（1）《专题报告》广泛搜集了东庄水利枢纽工程过去的勘察工作成果，总结了渭北地区岩溶地层修建水库工程的经验，根据区域地质环境、岩溶水文地质条件和地下水的补给、径流和排泄关系等，对区域岩溶水文地质结构、岩溶发育特征及规律等的分析评价是合适的。

（2）《专题报告》根据地层岩性、断裂构造、地下水水位埋深和泉水出露情况，确定由老龙山断层、张家山断层和唐王陵向斜构成相对独立的岩溶水文地质单元，并以沙坡断层和奥陶系上统（$O_3$）相对隔水层为界分两个亚区是基本合适的。

（3）碳酸盐岩河谷段地下水水位低于河水面 40m 余，形成悬托型河谷，水库蓄水后存在渗漏问题。根据现有资料分析，水库两岸地下水运动和岩溶发育以垂向为主，渗漏形式为溶隙型渗漏的可能性较大，在高程 480.00m 以下岩体透水性和岩溶发育程度相对较弱。

咨询会周密高效，圆满成功，取得了预期的目的。勘察分院将对咨询意见认真理解、领会，将根据专家意见，尽快补充完善《专题报告》，并对受邀专家们严谨负责的工作态度致以深深敬意！

2011 年 4 月 16 日

# 第十四回

# 勘破隐患，国际工程扬国威
## ——巴基斯坦粉细砂层问题

词曰：

明月飞天为镜，携来一缕清风。

试问相思人，可有尺牍传送？

明镜，明镜，能否双影并映。

列位看官，这首《如梦令·明月》为笔者1986年中秋节在伊拉克所作。那时中国改革开放不久，开始打开国门走向国际市场。我们所承担的伊拉克底比斯大坝修复工程是中国最早承接的国外水利水电项目。我作为地质技术人员有幸被选中参加此项目，也时时充当工程技术翻译。一别一年，异国他乡，难免有相思之苦，更何况那时正与妻处热恋之中。因此在中秋月圆之时写下了这首小词。那时出国工作，还是一件很稀罕的事，也让很多人羡慕，可以发双工资，可以挣美元，回国后可以买彩电、冰箱、洗衣机等所谓的"几大件"，那时在国内这些要经过多年奋斗才有可能获得。除此之外，公家还发给一笔制装费，西服革履，风衣领带，很是拉风。那次出行也是我有生以来第一次坐飞机。那次我在伊拉克工作整整一年。回国以后，我服务的中国水利电力对外公司（CWE）曾到我单位协商调我到该单位工作，被我单位拒绝。

近年来，随着中国进一步的改革开放，承接的国外工程项目越来越多，甚至已经成为某些勘察设计单位重要的经济来源。这其中，也自然而然地出现很多技术问题，包括工程地质问题。期间发生的一些小故事待笔人慢慢道来。

2015 年 4 月 25 日下午，我乘高铁从郑州返回北京。车行间 17：02 忽然接到中国进出口银行石女士微信，我们曾于 2011 年 10 月一起到尼泊尔考察过上马相迪水电站。石女士告知：两个多小时前即 14 时 11 分，尼泊尔发生了 8.1 级大地震，震源深度 20km，属浅源强震，其首都加德满都和我国西藏境内震感强烈。已接到房屋被毁、墙体倒塌的报告，具体伤亡未知。石女士惊呼"李总，太不幸了，咱们那个项目肯定给震没了吧？"后面是两张哭脸图案。

接到石女士的微信，我未立即回答。马上打开电脑找到当年的评估资料，其中与工程勘察及地震有关的内容如下：

（1）福建省水利水电勘察设计研究院编制的《尼泊尔马相迪 A 水电站可行性研究报告》及补充探勘工作基本满足本阶段的深度要求。

（2）通过上述勘察工作，已初步掌握了工程区的基本工程地质条件和主要工程地质问题，该工程不存在颠覆性的工程地质问题，具备工程建设所需的工程地质条件。

（3）该工程位于喜马拉雅构造区域内，构造活动性较强，地震活动强烈。工程区目前地震动峰值加速度采用 0.2g，相应地震基本烈度为Ⅷ度是适宜的。建议进一步收集国内外区域地质资料，收集中、下马相迪水电站的地震烈度设计资料，从而为该工程区构造活动稳定性评价和地震基本烈度数值的确定提供依据。

（4）坝址左岸及河床分布有崩坡积、冲洪积地层，为块石、砾石和砂土混杂堆积，分层不明显，厚度较大，该工程拟利用覆盖层作坝基是可行的。

根据以上资料，笔者对此次地震可能给上马相迪水电站的破坏情况有了一个判断，并立即给石女士回复了如下微信：

接到你的微信后，快速查了一下当年我们考察评估时的一些资料，有如下想法：

（1）当时采用了 0.2g 地震加速度即 8 度设防，标准较高。

（2）我记不住坝型了，如全为土坝则抗震性能较好。记得好像是混合坝，混凝土坝及与土坝衔接处易震损。

（3）该大坝以覆盖层做坝基，利于提高抗震性能。

（4）据以上情况判断：此工程受损是肯定的，但应该不至于将工程震没。进出口银行的投资不会打水漂。

（5）我很关心此工程的震后现状，因为地震地质部分当年是我下的结论。如有进一步消息请尽快告诉我。

微信发出后，心里很不踏实。一是已知道震中是尼泊尔第二大城市博卡拉以东 80km，很靠近我们的工程；二是震级太大了，居然达到了 8.1 级。估计这种水平的地震震中烈度可达到 12 度，波及我们的工程部位估计也应该在 10 度左右，而我们的工程是按 8 度设防。也就是说，此次地震在工程区的地震烈度只要超过 8 度，我们的工程就有可能被破坏了。我对我给石女士的上述推断感到心里没底。于是又给石女士发微信："这些只是设想，或是企盼。如明天你告诉我该工程已震没了，我就有点颜面尽失了！因为这个工程评估时地质结论是我下的。"

我很不放心，立即把尼泊尔地震的消息和我与石女士互发的微信转发给了当年组织我们评估的中国国际工程咨询公司的陶立。陶立本事大，立即与前方项目承建单位取得了联系，并马上告知"电建前方消息，此次地震对项目影响不大，具体情况还在核实。"我心里悬着的一块石头一下落了地，马上又把这个消息告诉了石女士。石女士回"哇噻，领导高见，真有水平！"后面还放了一个高挑大拇指的图案。我回"不敢妄吹水平，只能说万幸！那么大的地震，又距震中那么近，如无震损那真是奇迹中的奇迹了。只能是佛祖保佑了！"我又说"我们搞工程的，乐意自己的工作接受实际的考验，但不带这样拿 8.1 级近距离地震考验的！"

之后的几天，我一直与石女士和陶立保持联系，希望他们帮我收集一下上马相迪工程震后资料。后来他们给我发来了该工程详细的震后资料，该项目在此次地震中可谓经受住了考验，除局部混凝土有些小规模的裂痕、边坡有些局部坍塌或掉块外，工程主体无大的损坏。

从 17：02 知道尼泊尔地震的消息，到 18：16 从陶立处得知工

程无大恙，前后不过 1 小时 14 分，但这短短的一个多小时却是对我技术水平和心理承受能力的考验，甚至于我来说可谓惊魂一刻。

近年来在中国承接国外的工程项目中，水利水电工程建设是其重要组成部分。这些项目采取的方式多种多样，但大多是由中国投资。为了保证工程建设顺利、工期短、节省投资并安全运行，以期获得较好的经济效益，每个项目都要经过国内权威单位的咨询或评估。非常荣幸的是我常常作为地质专家参加这种评估咨询活动。除前述尼泊尔上马相迪水电站之外，还参加过阿根廷谭波拉水利枢纽、贝宁阿贾哈拉电站、刚果（金）Zongo 水电站、加蓬 Kongue 水电站、尼日利亚宗格鲁水电站、喀麦隆雅温得供水项目、柬埔寨达岱水电站、老挝南奔水电站、老挝南欧江水电站、安哥拉卡古路卡巴萨水电站、尼泊尔上崔树理水电站以及巴基斯坦苏基-克纳里水电站等项目的咨询与评估工作。

特别值得一提的是巴基斯坦苏基-克纳里水电站项目的评估工作。

2015 年 3 月 8 日，中国国际咨询公司在北京召开了巴基斯坦苏基-克纳里水电站项目（SK 项目）的评估会议。此次会议中国葛洲坝国际公司和中水北方公司联合提交了《巴基斯坦苏基-克纳里水电站工程可行性研究报告》。咨询过程中发现该项目某些工程地质条件不明。会议讨论中，因为勘察设计单位参会人员都未到过现场，所以对现场的一些情况也不了解，很多问题具有不确定性。但这些问题对工程设计、施工、投资与工期等影响较大，从而使该项目具有一定的风险性。

笔者多次参加中咨公司组织的国外项目的评估或咨询。就工程地质条件而言，国外工程一般具有两个特点：一是前期勘探工作一般都做的较少，远未达到国内同类项目的勘察深度；二是我们目前所参与的项目大多在第三世界国家，主要集中在非洲、东南亚或南美，水利水电项目开发程度都较低，但工程地质条件一般较好。笔者几乎每次参会都要给大家一个总体的结论："此项目虽然存在一些工程地质问题，但不存在颠覆性的问题。"但这次笔者改变了口气，和另外几位地质专家都认为，该项目在区域、库区、坝区、隧洞、厂房和料场几方面都存在着疑问，有些甚至是颠覆性的。

巴基斯坦苏基-克纳里（SK）水电站现场

主持会议的中咨公司国际工程部李尚武主任看出了问题的严重性，会上即表示要立即组织一个专家组到现场进行考察。李主任会上即邀请笔者参加此次考察。3 月 27 日，由中咨公司国际部王平副主任带队的考察组成行，考察组成员除笔者之外还有一位水工专家。

一踏上巴基斯坦的土地，笔者就建议对考察日程做一些调整，增加了野外工作时间，以期了解掌握更多的野外第一手资料。到达巴基斯坦的当天下午，我们即前往 SK 项目工程现场。SK 项目所处位置为著名的克什米尔巴控地区，经济落后，很是荒凉。路途上也很艰险，道路崎岖颠簸不算，在考察库区的途中还遇上了雪崩，山上塌落下来的积雪封住了公路，几台挖掘机在那里清雪，但还没有挖通，形成了一个高近十米的冰雪胡同。

巴基斯坦那时恐怖活动依然猖獗，不时有一些恐怖事件发生。

当年美国海豹突击队击毙本·拉登那座豪宅就位于我们考察项目所在地以北 20km 处，考察途中岔过一条小路就可到当年本·拉登毙命处了。不畏塔利班威胁、积极为巴基斯坦女童争取受教育权利做出杰出贡献，获得 2014 年度诺贝尔和平奖的巴基斯坦小姑娘马拉拉的住所也在我们所去的地区附近。我们此次在伊斯兰堡入住的万豪酒店，在 2008 年 9 月 20 日曾遭恐怖袭击，剧烈的爆炸造成 53 人死亡、266 人受伤，此事堪称是"巴基斯坦的 9·11"。

由于巴基斯坦的安全形势紧张，我们在巴基斯坦期间一直受到高级别的安全保护。只要我们走出房间，哪怕是在宾馆内部，都会有手持冲锋枪的安保人员紧随我们左右。野外考察期间，我们车队的最前面一直有一辆用皮卡改装的汽车开路，一挺机关枪架在车顶，车斗里另外坐了两名手持冲锋枪的军人。

巴基斯坦的白沙瓦城，是当年古国犍陀罗所在地。公元前 3000 年左右，古代印度河文明产生于巴基斯坦境内，是人类历史四大文明发祥地之一。今日有幸踏上这块人类文明发祥之地，自豪感油然而生。巴基斯坦是一个不安定的多事地区，但也有灿烂的古文明，如果没有这种机会，真是很难到此一游。

我们此次考察野外工作时间为三天。在去 SK 项目的路上，笔者对陪同的胡总说："SK 项目在区域、库区、坝区、厂房、输水隧洞和天然建筑材料几个方面都存在着较大的工程地质问题，你的任务就是要通过考察来说服我这没问题，可以建坝。"胡总笑曰："我要是能说服您，我就是专家了！"实际上，通过我们的现场考察，原担心的各个问题大都比原来想象的好，只是坝基巨厚粉细砂层的存在大大出乎我们的预料，其也将给 SK 项目施工、造价和工期带来很大的麻烦。

野外考察的最后一项，我们观看了前期钻探工作所保留的岩芯。前期勘探工作是由英国莫特麦克唐纳（Mott MacDonald）公司和法国柯恩贝利尔公司完成的。老外不仅钻探工作做得漂亮，岩芯采取率很高，岩芯保管得也非常好。但是打开岩芯箱后我们惊呆了，在多个钻孔中均存在这巨厚的粉细砂层。这种地层不仅承载力低，而且在有水的环境中，受到外界振动会瞬间失去承载能力，致使上部建筑物失稳破坏。如果这种地层厚度不大，可以采取挖除或工程处理措施。但此处粉细砂层厚数十米，最厚处达 60m。不管是采取哪种工程处理措施其工程量都是很大的。

发现这一问题之后，立即向设计单位的有关领导作了汇报。回国后中咨公司就此问题召集有关部门和人员作了专门讨论。设计单位也予以了充分重视，并采取了各项有效措施，以期最大限度地降低工程风险，保证工程安全。

SK 项目是中国与巴基斯坦合作的一个重要项目，我们考察结束不到一个月的 4 月 20 日，中国国家主席习近平访问巴基斯坦，SK 项目就是中国与巴基斯坦拟合作的项目之一。据说我们的考察实际上就是为习主席的访问及拟合作的项目做一个技术铺垫。我们所做的技术工作虽然普通，但它确实关系到一个项目成立与否，关系到国家与国外的技术经济合作，关系到中国技术在海外的声誉。

# 巴基斯坦苏基-克纳里水电站河床粉细砂层问题<sup>*</sup>

## ——《巴基斯坦苏基-克纳里水电站项目现场考察报告》节选

　　受中国进出口银行委托，中国国际工程咨询公司对巴基斯坦苏基-克纳里水电站项目（Suki Kinari，简称 SK 项目）的可行性进行咨询论证。该项目业主为巴基斯坦 SK 水电公司，承包商为中国葛洲坝集团股份有限公司，设计单位为中水北方勘测设计研究院有限责任公司。

　　2015 年 3 月 7 日，中国葛洲坝集团国际工程有限公司和中水北方勘测设计研究有限责任公司联合提交了《巴基斯坦苏基-克纳里水电站工程可行性研究报告》。3 月 8—9 日，中咨公司在北京组织召开项目咨询会议。咨询中发现该项目工程建设条件特别是工程地质方面某些情况不明，这对工程设计、施工、投资与工期等影响较大，从而使该项目具有一定的风险性。为此，中咨公司专门组织了现场考察，以从现场了解工程基本情况，搜集更多第一手资料，从而达到降低工程风险的目的。

## 1　工程概况

　　巴基斯坦 Suki Kinari 水电站项目位于西北边境省的 Kunhar 河上，距伊斯兰堡东北约 265km。该项目坝址多年平均径流量为 19.2 亿 m³，多年平均流量为 60.9 m³/s，原始库容为 907 万 m³，调节库

---

　　* 此文为笔者撰写的《巴基斯坦苏基-克纳里水电站项目现场考察报告》节选。

容为 630 万 m³。电站由拦河坝、岸边取水口、地下沉沙池、引水隧道、调压井、压力竖井、地下厂房、出线斜井、尾水隧洞及开关站等组成。该项目拦河坝拟采用沥青混凝土面板堆石坝与混凝土重力坝混合坝型，坝顶高程 2281.50m，最大坝高 54.5m，最大净水头 910m；该项目布置 1 条混凝土衬砌的引水隧洞，内径为 6m，长度 19.5km；厂房为地下厂房，埋深为 850m，安装 4 台冲击式水轮发电机组，总装机容量为 873.5MW（4×218.377MW）；尾水洞长 4.2km。电站多年平均发电量 30.81 亿 kW·h。

2008 年，英国莫特麦克唐纳（Mott MacDonald）公司完成该项目可行性研究报告。2012 年，法国柯恩贝利尔公司完成招标设计工作。2013 年 12 月 9 日，SK 水电公司和葛洲坝公司签署该项目 EPC 合同。

## 2　坝区地质条件

坝址河谷形态为不对称 U 字形河谷，谷底宽 200～250m。

坝址区河床及左右岸下部被第四系所覆盖，主要为崩积物、阶地沉积物和冲积物。河床覆盖层厚度较大，据 BH03 号钻孔资料，孔深 92m 仍不能确认是否为基岩。河床覆盖层组成物质原设计报告描述以粉土质砂砾石、卵石、块石与粉土质砂、粉土质砾石为主，土质不均，局部夹有砂层。此次现场查勘岩心发现河床覆盖层中分布有一层 37.50～60.00m 厚的粉细砂层。

坝址基岩主要岩性为石英云母片岩、石英岩、辉绿岩。

## 3　河床覆盖层中的粉细砂层问题

此次考察，查看了前期勘探取得的岩心。其中，位于河床的 BH02 号钻孔在孔深 7.50～45.00m 处为粉细砂层，粉细砂层厚 37.50m。BH03 号钻孔在孔深 19.00～79.00m 处有粉细砂层，厚 60.00m。在这厚达 37.50～60.00m 的粉细砂层中，除 BH02 号钻孔在孔深 17.40～18.00m 含有 60cm 的砾石之外，整层结构单一，

全为均匀的粉细砂（图 14-1、
图 14-2）。

此厚度巨大、结构均一的
粉细砂层在前期钻孔柱状图中
有描述，但在设计报告中未作
专门论述。因为工程区属高地
震烈度地区，巨厚的粉细砂层
的存在将产生地震液化问题。
同时若作为坝基地层不做适当
处理也存在渗透稳定问题。

图 14-1　坝基粉细砂层

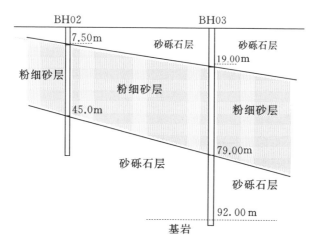

图 14-2　SK 电站坝区覆盖层中粉细砂层分布示意图

此层若做开挖处理，一是开挖深度较大（BH03 号孔处达
79.00m），工程量较大；二是粉细砂层的水下休止角很小，估计小
于 10°，基坑开挖时必须先期对粉细砂层做围挡封堵，才能避免开
挖基坑放坡范围过大。此层若不开挖而采用振冲碎石桩等工程措施
进行处理，也会较原设计增加很大工程量。

坝址区为什么会有这么厚且结构均一的粉细砂层存在呢？

工程区本属于高山峡谷地形，不远处即为雪山，河床比降也较
大。一般说来，在这种不稳定的沉积环境下形成的河床冲洪积物应

该是以砂砾石为主，并夹有碎石、块石，其分选性和磨圆度也都较差。即使其中夹有一些砂层，其厚度一般也不会太大且多以透镜体的形式产出。而此区有如此巨厚且结构均一的粉细砂层分布，说明当时一定是一个水流稳定且持续时间很长的沉积环境。而能在大的不稳定环境中出现一个稳定的沉积环境，一个可能的原因就是此河段当年曾因山体的崩塌产生过一个堰塞湖。堰塞坝的出现，使湍急的河流中在某一局部区域形成了一个几乎不产生流动的水体，在这个平静的水体中就沉积了这个巨厚的粉细砂层。

做以上成因分析的目的，是设想：如果目前选定的坝址区粉细砂层处理工程量过大，能否可以考虑选择其他坝址。即：只要将坝址选择在堰塞坝下游，该处就不会有巨厚的粉细砂层存在，而是抗振动液化和渗透稳定性能都好得多的砂砾石层（图 14－3）。

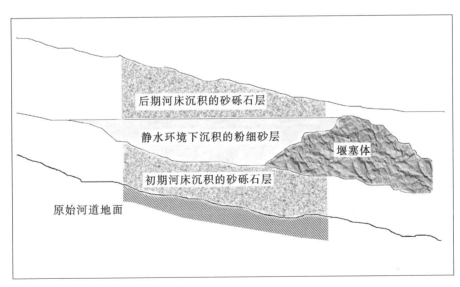

图 14－3　SK 电站坝区粉细砂层成因分析示意图

# 4　结论与建议

据以上分析，得出总体结论：坝址区河床存在巨厚的粉细砂

层，其振动液化问题和渗透稳定问题突出，其对工程施工、工程造价和工期都带来较大影响。

建议：

（1）本阶段勘察设计单位应针对上述问题进行深入研究并给出相应的工程处理方案。

（2）建议勘察设计单位，下阶段应在坝轴线及其附近布置多个钻孔：①落实河床覆盖层的厚度；②落实粉细砂层的分布及其特征，从而落实粉细砂层的工程处理措施；③复核坝基渗漏量，落实坝基防渗处理措施。

（3）下阶段应参照国内勘察设计规范的深度要求对该工程进行勘察设计，特别要做好坝基振动液化、厂房位置选取和料场的勘察设计工作。

# 第十五回

# 败走麦城，一念之差财时空

## ——十三陵抽水蓄能电站排风洞断层发育规律判断的失误

诗曰：

桃园结义薄云天，偃月青龙刀刃寒。一骑绝尘走千里，五关斩将震坤乾。

忠心报国为梁栋，肝胆护兄铸铁肩。一去麦城无复返，英魂庙里化青烟。

列位看官，这首七律《咏关公》是一位无名氏所作，道的是三国英雄关云长一世英雄，战功卓著，但最后却败走麦城的故事，其结局让后人唏嘘惋惜。另有一位自号魅墨江湖的先生也曾作诗一首《叹关羽》，对关圣一生成败再行评说。诗云：

三国凤将美关公，武圣美名万世崇。功盖五虎封上将，名成温酒斩华雄。

五关六将如草芥，千里单骑似蛟龙。挂印封金明素志，单刀赴会傲江东。

挟功自诩轻陆逊，难共休戚侮黄忠。联吴抗魏浑不记，败走麦城累义兄。

汉室大同因君动，成由关帝败亦公！

常言道，自古无常胜将军，再英明神勇的将军在身经百战后也有失误之时。作战如此，做任何事亦如此。笔者自 20 世纪 80 年代初参加工作，至今已有 30 余载。"三十功名尘与土，八千里路云和

237

施工中的十三陵抽水蓄能电站排风兼安全洞

月"，在 30 年间工程地质勘察工作的经历中，如前文所述有众多成功的范例，但也有失败的教训。30 年间亲自参与的各类工程勘察有数十个，即使是大型水利水电工程也将近十个。若是计算参加审查、咨询、评估过的项目则要以百计数了。参加如此众多项目的工程地质勘察工作，肯定是成功正确者居多，有些项目笔者也确实在其中起到过很重要的作用。尽管如此，工作中出现的一两次失误也足以让自己刻骨铭心。这里向列位讲述一件笔者所亲身经历的工作失误的一个故事。

1989 年，十三陵抽水蓄能电站的排风安全洞作为先期勘探洞开始施工。当时笔者担任此项目地质组组长。前几年我们采用钻探、洞探和几乎贯穿全线的坑槽探等方法，对排风安全洞的工程地质条件有了初步的了解，编写了《排风洞工程地质勘察报告》，绘制了该区平面工程地质图和纵横剖面图。施工单位已准备按照我们提供的地质资料进行施工开挖。

十三陵工程当时的管理单位是三峡工程管理局，该局常驻工地的是赵总和蒋总。两位老总工程经验非常丰富，人又随和，笔者很是佩服。一天，赵总给笔者打来电话，说是想协商一下排风洞的改线问题，并说了初步想法。我当时参加工作7年，虽已担任一个部属勘测设计院的地质队队长，但那时设计院的开工项目很少，实际工作经验很是欠缺。笔者回到设计院将此事向院负责地质的老总作了汇报，老总认为：我们的勘察都是初步的，存在着很大的不确定性，现在图上画断层的地方不一定有断层，没画断层的地方不一定就没断层。现在画了3条断层，也许实际开挖时会变成5条断层，总之工程地质勘察的不确定性很大。他的结论是不改线，按原线开挖，挖到断层后再做处理。我觉得老总说得很有道理。

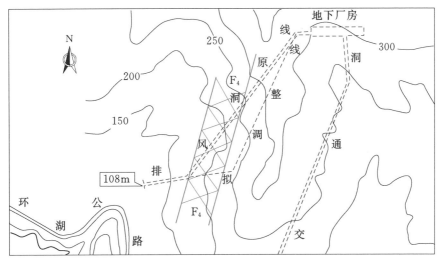

十三陵抽水蓄能电站排风洞与 $F_4$ 断层破碎带位置示意图

一天在工地专门召开了排风安全洞改线问题讨论会，赵总、蒋总都参加了，设计院地质专业负责人是笔者。现在想想两位老总也够屈就的，这么重大的问题居然和笔者这小屁孩讨论。坦白地说，笔者当时所掌握的只是书本上的知识和所获得的勘察资料，对岩石开挖后的真实情况全无概念，还有就是按照院里老同志的指点鹦鹉学舌。一张排风洞的平面地质图挂在了墙上，蒋总对照着地质图讲解他们的想法：沿着目前的排风洞洞线有 $F_4$ 等断层发育，洞线与断层重合段大约300m。这样在排风洞的开挖过程中，会给洞室的稳定带来不利的影响。因此蒋总建议，能否将排风洞做个转向，

使排风洞与 $F_4$ 断层呈大角度相交，从而减少断层对排风洞的影响长度。待排风洞穿过 $F_4$ 断层后，再转向至地下厂房。赵总完全同意蒋总的意见，笔者知道这个方案肯定是他们事前多次讨论商量好的。

两位老总讲过之后笔者发言，但笔者的发言完全是讲述院老总的工程地质不确定理论，并认为洞向改变后可能会减少 $F_4$ 断层的影响，但洞子转弯后还可能碰上其他的断层。最后结论是维持原洞线方案，不做调整。

排风洞的施工开挖很快就开始了。我们立即为我们曾经作出的错误判断付出了惨重代价。排风洞进洞不久，还真如我们所料，遇到了 $F_4$ 断层，于是也正像我们原来所绘制的地质图那样，断层一直沿排风洞延伸。断层不仅存在，而且还有一定的宽度，断层带中的物质均是未胶结松散的碎石、糜棱岩，其在地下水的作用下，经常造成塌方。用钢架、锚杆或喷射混凝土支护稳定后，不久在前方洞段再次塌方。这样不仅严重耽误了工期，工程造价也成倍地增长上去了。负责工程施工的是中国水利水电第六工程局老师傅们对我们说："我们干过很多工程，但这样的岩层我们还是第一次遇到。根据我们的经验，打了这么长的隧洞，还一直都是坏岩石，十三陵这个工程不会有好岩石了"。

作为工程现场设计代表，我们也为这条洞子的开挖吃尽了苦头。那段时间，不仅白天要泡在工地上，夜里也经常被人敲门叫醒，"工地又塌方了，赶快去处理。"不仅是我们常驻工地的几位年轻人乱了手脚，院里人员也要常常光顾，但他们似乎也拿不出什么有效的办法。有的组织我们学习规范，有的讲述一些地质的基本概念。地质组有一位胡姓的小伙儿，为此写了一首打油诗，我们读了捧腹大笑：

A 总来了学规范，B 总来了讲概念。

老 C 忙得团团转，统统都是"瞎扯淡"。

现在回头想想，自己和兄弟们乃至施工单位吃点苦头自不待言，但给工程造成的经济损失和对工期的拖延确实是巨大的。笔者当然可以将自己的错误判断归结于他人，但是自己当时若能有正确的判断，业务水平高一点，实际经验丰富一点，或者能更多地听一下赵总、蒋总的意见，这个错误是否会小一点儿呢？给国家造成的损失是否会减少一点儿呢？自责！深深的自责！这只能激励自己今后努力钻研业务，提高自己的技术水平。

　　呜呼！前车之鉴，后人当警之！

# 十三陵抽水蓄能电站排风兼安全洞
## 工程地质勘察报告<sup>*</sup>

## 前言

排风兼安全洞（简称排风洞）布置在厂房枢纽区西南侧，洞口设在 6 号钻孔以北约 50m 处，距水库环湖公路约 80m。洞轴线方位，从洞口沿北东 76°至桩号 0＋130，转向北东 37°至桩号 0＋529，再沿北东 85°进厂房，全长 6606m。洞口及厂房处洞底高程分别为 108m 和 577m。洞横断面为圆拱直墙形，断面尺寸（宽×高）为 75m×70m（图 15-1）。

为查明排风洞围岩工程地质条件，前期对厂房枢纽区已做了大量的洞探、钻探、试验等地质勘察工作。其中沿洞线 2 个钻孔，总进尺 351m。在此基础上，1987—1988 年在洞口区及沿洞线又做了详细的地质调查及洞探工作。排风洞围岩工程地质条件基本查清，可以满足标书设计的需要。

## 1 地质概况

### 1.1 地形地貌

排风洞斜穿厂房西侧近南北向分水岭。洞口至 0＋310 洞段，地形较平缓，地面高程 125.00～200.00m；0＋310～0＋500 洞段，地

---

* 此文为笔者参与编写的《十三陵抽水蓄能电站排风兼安全洞工程地质勘察报告》，有删节。

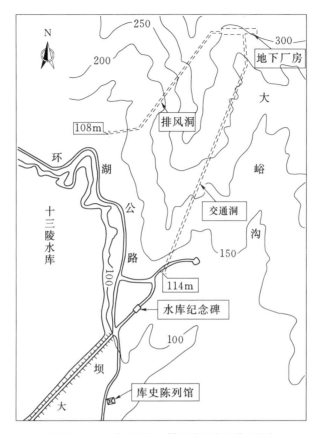

图 15-1　交通洞、排风洞平面位置图

形陡峭，高程 200.00～340.00m，总的自然坡度大于 45°，并多见有 5～10m 高差的峭壁；0＋500～厂房段，地形平缓，地面高程 300.00～340.00m。排风洞一般埋深均在 70m 以上，最小埋深 10～15m，最大埋深约 260m（分水岭）。

## 1.2　地层岩性

沿洞线有寒武系张夏、徐庄组和侏罗系髫髻山组及第四系，由老至新分述如下。

1. 寒武系张夏、徐庄组（$C_{2+3}$）

灰色中厚层鲕状、竹叶状细晶灰岩，夹有紫红色页岩，埋藏于洞底板 30～60m 以下，洞口西侧地表有出露。

2. 侏罗系髻髻山组（$J_{2t}^{2-2}$）：

本组第一段及第二段第一层在区内缺失。

（1）第二段第二层（$J_{2t}^{2-2}$）。安山岩，灰紫色或灰绿色，斑状或隐晶质结构，斑晶为斜长石和角闪石，块状或气孔状构造。岩石致密坚硬，与下伏灰岩呈角度不整合破碎带接触。

（2）第二段第三层（$J_{2t}^{2-3}$）。复成分砾岩，暗紫红色夹灰岩，砾石成分为安山岩、灰岩、流纹岩、花岗岩等，砾石含量在 90% 以上，胶结物以钙质、黏土质等为主，呈孔隙—接触—充填混合式胶结（已变质），胶结良好，岩层呈巨厚层状，层理不发育，与下伏安山岩呈断层接触（$f_1$）。

3. 第四系（$Q_4$）

（1）洪积物（$Q_4^{pl}$）。黄色亚砂土夹碎石，厚度大于 10m，主要分布于水库岸边。

（2）坡积物（$Q_4^{dl}$）。碎石、滚石及壤土，厚度 0.5～2m，主要分布于山坡处。

## 1.3　地质构造

洞线穿越单斜岩层，其走向为北东 40°，倾向南东，倾角 30°～50°。

1. 断层

沿洞线发育多组断层，其中以走向北北东（0°～35°）一组最发育，大多数倾向南东，倾角为 45°～60°，断层带物质均末胶结。以 $F_4$ 断层规模最大，破碎带宽度 6～10m，影响带宽 3～5m，充填物为紫红色断层角砾岩、碎裂岩、糜棱岩和断层泥等。其中 $f_1$、$f_4$、$f_6$ 断层走向与洞线交角小于 50°，对隧洞围岩稳定不利。

排风洞沿线断层发育特征汇总见表 15-1。

2. 裂隙

岩体内裂隙发育程度随岩性不同而异，复成分砾岩中裂隙不甚发育，而安山岩中裂隙甚发育。多数裂隙面平直光滑或略粗糙，呈

表 15-1　　　　　　　　排风洞沿线断层发育特征汇总

| 方位 | 断层编号 | 断层产状 | | | 宽度/m | | 主要特征 |
|---|---|---|---|---|---|---|---|
| | | 走向/(°) | 倾向 | 倾角/(°) | 破碎带 | 影响带 | |
| NNE | F₄ | 20 | SE | 60~70 | 6~10 | 3~5 | 由角砾岩、碎裂岩、断层泥等组成 |
| | f₁ | 20~30 | SE | 40 | 0.7 | 2-3 | 充填角砾岩、断层泥，为岩层分界线 |
| | f₂ | 35 | SE | 65 | 0.4 | 0.5 | 充填压碎岩、角砾岩 |
| | f₃ | 35 | SE | 65 | 0.4 | 0.5 | 充填压碎岩、角砾岩 |
| | f₄ | 30 | SE | 53 | 1~2 | 2 | 充填碎裂岩、角砾岩、断层泥 |
| | f₆ | 10 | NW | 75 | 1 | 1~2 | 充填碎裂岩、糜棱岩 |
| | f₉ | 6 | SE | 60 | 0.4 | 0.5 | 充填角砾岩、断层泥、糜棱岩 |
| | f₁₀₃ | 0 | E | 60 | 0.3 | 0.5 | 充填紫红色断层泥、碎裂岩 |
| | f₄₁ | 30 | SE | 30~40 | 0.7 | 1 | 充填断层角砾岩、碎裂岩 |
| NE | f₅ | 70 | SE | 64 | 0.6 | 0.5 | 充填碎裂岩、糜棱岩等 |
| NW | f₈ | 310 | SW | 45 | 0.7 | 1~2 | 充填紫红色断层泥、角砾岩 |
| | f₁₁₂ | 331 | SW | 60 | 0.4 | 0.5~1 | 充填紫红色断层泥、角砾岩 |

闭合或微张开状态，部分裂隙波状弯曲，有泥、钙质膜充填。其中北西两组裂隙延伸较远，多呈张开状态，属于张性或张扭性结构面。复成分砾岩内发育2~3组裂隙，安山岩内发育4~5组裂隙，安山岩内裂隙发育密度远大于复成分砾岩。

## 1.4　水文地质

区内地下水类型属于基岩裂隙潜水，钻孔压水资料表明，复成

分砾岩和安山岩均属微透水或中等透水岩体，但断层部位和弱风化带以上岩体属于中等至较严重透水层。

钻孔地下水长期观测资料表明，该区岩体为不均匀含水层。地下厂房附近的 18 号、2 号孔水位分别为 100.00m 和 109.00m，而 19 号、27 号孔水位均为 75.00~80.00m；洞线附近的 5 号、9 号孔水位均为 80.00m 左右。现按 5 号、9 号、18 号孔水位连线作为排风洞线推测地下水水位线。局部地段由于受断裂构造阻水影响，水位可能会壅高或降低。

# 2　围岩物理力学性质

排风洞围岩主要由复成分砾岩和安山岩组成。上述岩层或岩性在前期勘测过程中，已做了大量室内外岩石试验或测试，其成果可以作为选取排风洞不同洞段围岩物理力学指标的依据。

# 3　围岩质量评价及其工程地质分类

排风洞穿越的岩层为复成分砾岩和安山岩，分别属于中等坚硬岩石和坚硬岩石，呈弱风化（洞口段）至新鲜状态。围岩稳定性主要受断裂特征及其组合交切情况控制。现对岩体内断裂组合特征作一宏观分析，并在岩体质量评价的基础上，对围岩进行工程地质分类。

## 3.1　岩体结构分析

### 3.1.1　复成分砾岩岩体结构

复成分砾岩层理不发育，岩体受构造应力作用发育断层，裂隙。断层（多数宽度小于 0.2m）平均间距 15m 左右；裂隙平均间距 5~8m（部分延伸较长），根据断层、裂隙走向，可分别划分为 3 组。

1. 断层

（1）走向北东 25°，倾南东，倾角 60°。

（2）走向北西 310°，倾南西，倾角 45°。

（3）走向北西 330°，倾南西，倾角 60°。

从断层交切组合关系可知：①北北东组断层（如 $f_1$、$f_4$）与洞线以小角度相交，对隧洞围岩稳极为不利。其余二组与洞线近正交，对稳定影响不大；②北东、北西两方向断层相交切，可构成结构体，对北西侧边墙及顶拱稳定不利（如 $f_1$、$f_4$、$f_6$ 的组合）。

2. 裂隙

（1）向北西 275°，倾北东（南西），倾角 70°。

（2）向北东 5°，倾南东（北西），倾角 55°。

（3）走向北东 55°，倾南东，倾角 45°。

根据以上分析，宏观判断复成分砾岩为块状结构体。

### 3.1.2　安山岩岩体结构

安山岩内主要发育有三个方向组断层，其中以北北东组的 $F_4$ 规模最大，破碎带宽 6～10m。裂隙可划分为五组，平均间距 0.2～0.5m（大部分延伸较长）。

1. 断层

（1）走向北东 20°，倾南东，倾角 60°～70°。

（2）走向北东 35°，倾南东，倾角 65°。

（3）走向北西 30°，倾南西，倾角 50°～60°。

从断层交切组合关系可知：①断层走向与洞线交角大于 40°，对稳定较为有利；②断层交切可构成结构体，对北西侧边墙及顶拱稳定影响较大（如 $f_4$、$f_8$ 的组合）。

2. 裂隙

（1）走向北东 5°，倾北西，倾角 85°。

（2）走向北东 40°，倾北西，倾角 28°。

（3）走向北东 70°，倾南东，倾角 50°。

（4）走向北西 290°，倾南西（北东），倾角 55°。

（5）走向北西 330°，倾南西（北东），倾角 65°。

裂隙交切组合关系十分复杂，走向北东倾南东与走向北西倾南西两组裂隙组合，主要影响北西侧边墙及顶拱的稳定；若上述两方向裂隙倾向相反，其组合主要影响南东侧边墙及顶拱的稳定。

根据以上分析，宏观判断安山岩为碎裂镶嵌结构体，$F_4$断层为碎裂松散结构体。

## 3.2 岩体质量评价

（1）桩号 $0+000\sim0+310$，安山岩为主，断层、裂隙均发育、岩体完整性差。已查明的断层有 $F_4$、$f_1$、$f_2$、$f_3$，其中以 $F_4$ 断层规模最大，于桩号 $0+105\sim0+120$ 与隧洞相遇，围岩不稳定；$f_1$ 断层沿地层接触面发育，上盘为复成分砾岩，下盘为安山岩，在 5 号孔高程 90.00m 左右遇到，破碎带宽 0.7m，上、下盘影响带各 $2\sim3$m，与洞线交角约 $10°$。桩号 $0+190\sim0+240$ 与洞体相交，对围岩稳定很不利。此段洞体埋深较浅，围岩为弱风化（桩号 $0+000\sim0+060$）至微风化岩体。受构造应力及岩体风化影响，裂隙组数多，密度大，多呈张开状态。裂隙组合产生掉块或塌落的概率较大。

（2）桩号 $0+310\sim0+530$，复成分砾岩，初步查明的断层有 $f_4$、$f_6$、$f_8$，在 5 号孔高程 $101.00\sim105.00$m 和高程 $55.00\sim59.00$m，分别遇到 $f_4$ 和 $f_8$，其中 $f_4$ 与洞线交角约为 $10°$，在桩号 $0+300\sim0+380$ 与洞体相交切，由于受断层影响，裂隙也相对发育，在断层与洞体组合交切部位（桩号 $0+310\sim0+380$），围岩稳定性差。

（3）桩号 $0+530\sim$厂房，复成分砾岩，岩体完整，工程地质条件良好。初步查明有 $f_{112}$断层与洞体相切，推测还有其他较小断层发育，平均间距 15m 左右。主要发育 $2\sim3$ 组裂隙，平均间距 $0.5\sim0.8$m，其中以北西西组裂隙贯通性好，多张开，与洞线近正交，对稳定影响不大，此洞段只在结构面有不利组合时，产生局部掉块或塌落，此种情况发生概率较小。

## 3.3　围岩工程地质分类

根据上述岩体结构分析、质量评价，分别按国家标准《锚杆喷射混凝土支护技术规范》（GBJ 86—85）围岩分类方法和巴顿 Q 系统岩体工程分类方法，对排风洞围岩进行工程地质分类。

### 3.3.1　国家标准围岩分类

依国家标准该工程围岩分类见表 15-2。

表 15-2　　　　　　依国家标准该工程围岩分类表

<table>
<tr><th colspan="2">桩　号</th><th>0+000～<br>0+060</th><th>0+060～<br>0+310</th><th>0+310～<br>厂房</th><th>断层处</th></tr>
<tr><td colspan="2">主要岩性</td><td>安山岩</td><td>安山岩</td><td>复成分砾岩</td><td>断层角砾岩等，末胶结</td></tr>
<tr><td colspan="2">风化类型</td><td>弱—微风化</td><td>微风化</td><td>新鲜</td><td>强风化</td></tr>
<tr><td colspan="2">地下水状况</td><td>水位以上</td><td>部分水位以下</td><td>水位以下</td><td>多有地下水活动</td></tr>
<tr><td rowspan="4">参考<br>指标</td><td>单轴饱和抗压<br>强度/MPa</td><td>60～80</td><td>50～55</td><td>55～65</td><td></td></tr>
<tr><td>岩体纵波速度<br>/(m/s)</td><td>2500～3000</td><td>3500～4000</td><td>4000～5500</td><td>2000</td></tr>
<tr><td>岩体完整性<br>系数 $K_v$</td><td>0.17～0.25</td><td>0.35～0.46</td><td>0.5～0.85</td><td></td></tr>
<tr><td>岩体强度应力比<br>$S_m$</td><td>&gt;5</td><td>4～5</td><td>4～5</td><td>&lt;2</td></tr>
<tr><td colspan="2">围岩类别</td><td>Ⅳ</td><td>Ⅲ</td><td>Ⅱ</td><td>Ⅴ</td></tr>
<tr><td colspan="2">稳定性评价</td><td>稳定性差</td><td>中等稳定</td><td>稳定性较好</td><td>不稳定</td></tr>
</table>

### 3.3.2　巴预 Q 系统围岩分类

1. 基本参数的取值原则

（1）岩体质量指标 RQD。主要根据裂隙统计成果，按经验公式 $RQD=115～33Jv$，并参考钻孔岩芯获得率确定 RQD 值。

（2）节理组数系数 $J_n$。Ⅱ、Ⅲ、Ⅳ类岩体分别按二组加零散裂隙，三组加零散裂隙及四组以上裂隙取值。

（3）节理面粗糙度系数 $J_r$。均按节理面较平直光滑取值。

（4）节理蚀变系数 $J_a$。分别按节理面徽蚀变和节理壁有泥钙质膜充填取值。

（5）节理水折减系数 $J_w$。按无水或低压水流取值。

（6）应力折减系数 $SRF$。分别按中应力和低应力（洞室埋深近地表）取值。

此外，断层带均按软弱破碎围岩选取参数。

2. 巴顿 Q 系统围岩分类

巴顿 Q 系统围岩分类成果见表 15-3。

表 15-3           巴顿 Q 系统围岩分类成果表

| 桩号 | | 基 本 参 数 | | | | | | Q 值 | 岩体质量评价 |
|---|---|---|---|---|---|---|---|---|---|
| | | $RQD$ | $J_n$ | $J_r$ | $J_a$ | $J_w$ | $SRF$ | | |
| 0+000～0+060 | | 50 | 15 | 1.5 | 3 | 1 | 2.5 | 0.67 | 坏 |
| 0+060～0+310 | | 75 | 10 | 1.5 | 2 | 1 | 1 | 5.63 | 一般 |
| 0+310～厂房 | | 90 | 6 | 15 | 2 | 1 | 1 | 112.5 | 好 |
| 主要断层处 | 水上 | 20 | 20 | 15 | 15 | 1 | 5 | 0.04 | 很坏 |
| | 水下 | 15 | 20 | 1 | 5 | 033 | 5 | 0.01 | 极坏 |

两种方法围岩分类结果表明，复成分砾岩属于Ⅱ、Ⅲ类围岩。为"好"或"一般"的岩体，围岩稳定性较好或中等稳定；安山岩多属于Ⅳ类围岩，为"一般"至"坏"的岩体，围岩稳定性差；断层带属于Ⅴ类围岩，为"很坏"的岩体，围岩不稳定。

# 4 主要工程地质问题及建议支护方法

## 4.1 洞体局部围岩不稳定问题

（1）桩号 0+105～0+120 洞段遇 $F_4$ 断层，其走向与洞轴线交角为 56°，组成物为挤压较紧密的断层角砾岩、碎裂岩和断层泥，未胶结。隧洞穿过该断层时，顶拱、边墙的塌落是极严重的。如按一般方式开挖，其顶拱最大塌落高度可达 20m 左右（图 15-2，Ⅰ

区），开挖后如不及时支护，将有冒顶的危险（图 15 - 2，Ⅱ区）。

建议采用边开挖边支护的方式施工，可减小塌方量。

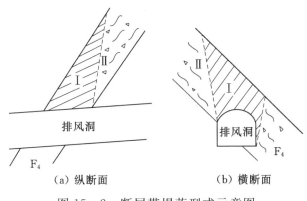

（a）纵断面　　　　　（b）横断面

图 15 - 2　断层带塌落型式示意图

（2）$f_1$、$f_4$、$f_6$ 断层组合部位洞身围岩不稳定性。$f_1$、$f_4$ 断层与洞线夹角小于 $10°$，在洞顶出露长度分别为 $50m$ 和 $80m$，破碎带宽度 $1\sim3m$。就断层本身而言，尤其在出露范围内，顶拱最大塌落高度可达 $3\sim5m$，若施工中及时支护，还可减小塌落高度。当 $f_1$、$f_4$、$f_6$ 断层与裂隙面形成不利组合时，其顶拱及边墙的塌落是比较严重的，如不及时支护。其最大塌落高度可达 $10m$ 左右（图 15 - 3）。建议及时采取锚固等支护措施。

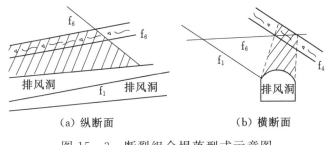

（a）纵断面　　　　　（b）横断面

图 15 - 3　断裂组合塌落型式示意图

（3）安山岩段岩体稳定性评价。此段安山岩位于 $F_4$ 下盘，隧洞埋深浅，围岩大部分弱风化。岩体内裂隙组数多，密度大，除构造裂隙外，还发育有风化裂隙，特别是北西西组裂隙延伸长，与洞线交角小。此段围岩内断裂组合形成不稳定块体的概率较多，建议

加强锚喷支护，必要时做钢筋混凝土衬砌。

## 4.2 洞内涌水问题

目前沿洞线推测地下水水位为 80.00～100.00m。遇丰水年，地下水水位还会抬高。桩号0+310以后的复成分砾岩，洞段在地下水水位以下，岩体透水性弱。现按水平集水廊道涌水量计算公式预测洞内涌水量（渗透系数取 0.13m/d，影响半径取 150m，平均水头为 20m）。

总涌水量：$Q_总＝1000m^3/d$。

每 10m 洞段涌水量：平均 $Q＝22m^3/d$，最大涌水处预计可达 $100～150m^3/d$。

最大涌水将发生在地下水水位较高、断裂发育洞段。建议施工过程中按最大涌水量安排排水设施；运行期的排水可暂按平均涌水量设计。施工过程中视具体情况及时修正。

# 5 结语

（1）排风兼安全洞穿越岩层为安山岩和复成分砾岩，分别属于坚硬岩石和中等坚硬岩石，岩石抗压强度满足稳定要求。

（2）北北东组断层与洞线夹角小，对隧洞围岩稳定影响较大，应做好施工支护设计和施工地质预报。

（3）安山岩内裂隙组数多，密度大。部分洞段存在掉块或塌落问题，应及时做好支护衬砌。

（4）50％以上洞段位于地下水水位以下，存在洞内涌水问题，需要考虑排水问题。

（5）隧洞施工前应详细编写施工技术要求和地质要求。

# 跋
## ——兢兢业业 如临深渊 如履薄冰

词曰：

难眠夜，学人惊落天悬月。天悬月，壮志不酬，雄心不灭。

梦中世界花似雪，心头人间歌如鹊。歌如鹊，报国奉献，何惜心血。

列位看官，这首《忆秦娥》是笔者博士学位论文完成日写的一首感怀。当时正是豪情万丈的年纪，心中充满了报效祖国的情怀，且有"壮志不酬，雄心不灭"之决心，也幻想人生和社会是"梦中世界花似雪，心头人间歌如鹊"般的美好。然现在读起却有几分凄凉与酸楚，感到那时是"少年不识愁滋味，为赋新词强说愁"，今日岂止是"欲说还休，天凉好个秋"？

做任何事绝无一帆风顺。单说此拙作《安固如磐》，前后历时18载。2001年，笔者所在单位——水利水电规划设计总院因办公楼重修，勘测处在对面的小学校租房办公。一天，在那逼仄狭小的办公室里我忽然想把参加工作20多年中所经历的几个典型工程案例以讲故事的形式呈现给大家。于是便开列了一个提纲，后来逐步补充完善至现在的15个案例。因为各案例中的技术深读部分大部分有现成的文章或资料，故以为此书写作会很顺利，开始的进展也确实很快，但后来进度就慢了下来。其原因一是日常工作忙；二是我公事私事、专业事非专业事等涉猎太多，占用了很多时间；三是在这期间先后撰写或主编了《工程地质决策概论》《南水北调工程地质问题分析研究论文集》《中国堤防工程地质》《堤防工程地质勘察与评价》等数部技术专著以及诗文集《人生当歌》等，工作量可谓巨大。《安固如

253

磐》的写作虽然一直没有忘记，但常常是几个月甚至是几年不曾动笔，这一拖前后竟历时 20 年之久。《红楼梦》批阅十载，增删五次，方成鸿篇巨制，我这部拙作虽耗时很长，但水平所限，终难成鸿篇。

此书共选取了笔者亲历的 15 个工程项目，每个项目中工程地质都起了极其重要的作用，大多也曾有过不同的意见甚至是激烈的争论，而在这些争论之中笔者都参与其中，不管是正面的还是反面的。15 个工程实例按章回小说的写法分为 15 回讲述，每回中分为两部分，前部分模仿评书的方式讲一个故事，此部分笔者努力让有初中以上学历的读者就能读懂，作为工程地质学的科普；后部分是与前部分故事内容相关的深读资料，可能是一篇学术论文，也可能是一份技术报告，也有的是在专家咨询会上的发言提纲等。读懂后部分内容需要一定的专业知识。笔者认为：此书可作为青少年的科普读物，可作为在校大学生的课外辅助读物，可作为和土木工程相关的工程技术人员茶余饭后的消遣读物，可为工程地质专业技术人员实际工作提供一点参考，也可供工程地质专家学者在他们的研究工作中有所借鉴。总之，假如此书能使行业外读者了解一下什么是工程地质，业内同仁能在工作中得到一点点启迪或帮助，吾心足矣！

从事工程地质工作数十载，在所经历的工程项目和所做的研究中，时时会有很强的成就感，觉得自己的工作解决了某一工程地质问题，为某个项目的兴建尽了一份力量，为当地的百姓办了一点点益事，甚至为国家作出了一点点贡献。但是更多的时候感觉自己的工作如临深渊，如履薄冰，自己对某一工程地质问题的分析判断及其结论都事关重大，轻则是千万资金使用当否？重则关系到千万百姓生命安危。更让人不能安心的是，这种担心与牵挂不是当时就能了结的，即使项目建成数年后甚至几十年后仍有可能出现问题，其原因仍有可能与你当年作出的工程地质结论有关。今亦忧，明亦忧，然则何时而乐耶？答案可能是：无期！

因工作需要，笔者现已从事管理工作，与工程建设项目和工程地质专业技术接触渐少。这其实一直是我最为心痛的！不能从事自己所喜爱所擅长的工作，就常有报国无门之感伤。怎见得？有笔者数年前写的一首西江月《感怀》为证：

四十余年努力，志做武穆天祥。功名利禄尘风扬，不惜热血一腔。

谁人了我心事，哪堪世情短长。悲叹双鬓渐成霜，扼腕李广冯唐。

世间三百六十行，工程地质也许并不属好行当，也鲜有哪位优秀学子会主动选择这一职业。但笔者认为：不管是何原因，既然从事了这一行当，就应该兢兢业业、踏踏实实地去思考，去研究，去为工程建筑物提供一个安全可靠的工程地质条件，为工程建设作出应有贡献。这其中有苦也有乐。本书开篇即谈论工程地质的重要性，全书也在论述这一主题。在人类生存发展过程中，永远也离不开工程地质，哪怕哪天到了月球上，到了火星上。事关重大，责任重大，愿同行们努力！

位于北京城区北护城河畔的六铺炕，是中国水利水电工程建设智库所在地。在中华人民共和国成立之初的1951年，即在此设立了水利部工程总局，以后逐步设立水利水电规划设计总院等相关单位。几乎中国20世纪50—60年代的所有大型水利水电工程的建设都与这里有关，近年来修建的三峡工程、南水北调工程和众多的大型水电站勘察设计审查和重大问题的把控也在这里。在这里也走出了潘家铮等一大批中国水利水电工程技术大家。有幸，2000年5月笔者调入位于此地的水利部水利水电规划设计总院，成为这里的一员，从而也有机会参与了诸如南水北调、三峡工程等一系列重大工程的技术工作，如今已在六铺炕这片水电圣地工作了近20载。

最后，笔者向在国家建设中的工程地质科学技术人员致敬！也谨以此书作为向他们的一份小小献礼！

此书的出版，得到了水利部水利水电规划设计总院有关领导和科技外事处的大力支持，在此一并致谢！

2020年3月于北京六铺炕

# 附　　录

## A. 技术工作简历

1. 1978 年 10 月—1982 年 7 月　华北水利水电学院水工系水文地质及工程地质专业学习。

2. 1982 年 8 月—1994 年 3 月　电力部水利部北京勘测设计研究院勘测处地质队（工程地质室），先后任地质队副队长、队长（室主任）。

3. 1994 年 3 月—1996 年 3 月　任北京勘测设计研究院计划经营处副处长。

4. 1996 年 3 月—1998 年 3 月　任北京勘测设计研究院经营发展部主任（处长）兼外事部主任。

5. 1998 年 3 月—2000 年 5 月　任电力工业部北京勘测设计研究院副总工程师。

6. 1994 年 9 月—1996 年 9 月　天津大学工程管理学院国际工程管理专业（函授）学习。

7. 1994 年 9 月—1998 年 8 月　中国科学院地质与地球物理研究所攻读理学博士学位。

8. 2000 年 6 月—2005 年 3 月　任水利部水利水电规划设计总院勘测处处长，主持或参加了南水北调东中西线工程、山西万家寨水利枢纽、河南小浪底水利枢纽、广西百色水利枢纽、四川紫坪铺水利枢纽、内蒙古尼尔基水利枢纽、湖北水布垭等数十个大型项目的审查、咨询与研究工作。

9. 2005 年 3 月—2017 年 3 月　任江河水利水电咨询中心副总经理，期间，担任陕西渭河咸阳城区段综合治理工程项目经理（工程设计）、安徽涡河大寺闸工程建设项目经理（建设管理）、河南槐店闸工程建设项目经理（建设管理）等。

10. 2017 年 4 月至今　任水利部水利水电规划设计总院参控股企业监督管理办公室主任。

## B. 主要著作

1.《岩土工程试验监测手册》（参编），辽宁科学技术出版社，1994 年 12 月。

2.《抽水蓄能电站工程地质问题分析研究》，地震出版社，2001 年 6 月。

3.《南水北调工程地质问题分析研究论文集》，中国水利水电出版社，2002 年 4 月。

4.《中国堤防工程地质》，中国水利水电出版社，2005 年 4 月。

5.《堤防工程地质勘察与评价》，中国水利水电出版社，2003 年 6 月。

6.《工程地质世纪成就》（参编），地质出版社，2004 年 10 月。

7.《工程建设标准强制性条文（水利工程部分）宣贯辅导教材》，中国水利水电出版社，2004 年 8 月。

8.《水利水电工程问题经验与教训》（参编），中国水利水电出版社，2005 年 6 月。

9.《工程地质决策概论》，科学出版社，2006 年 6 月。

10.《三峡工程阶段性评估报告》（参编），中国水利水电出版社，2010 年 9 月。

11.《人生当歌》（诗文集），中国水利水电出版社，2010 年 6 月。

## C. 参编的规程规范

1.《中小型水利水电工程地质勘察规范》（SL 55—2005），审

查技术负责人。

2.《堤防工程地质勘察规程》（SL 188—2005），审查技术负责人。

3.《水利水电工程地质抽水试验规程》（SL 320—2005），审查技术负责人。

4.《水利水电工程物探规程》（SL 326—2005），审查技术负责人。

5.《水利水电工程施工地质勘察规程》（SL 313—2004），审查技术负责人。

6.《水利水电工程项目建议书编制规程》（SL 617—2013），起草人。

7.《水利水电工程可行性研究报告编制规程》（SL 618—2013），起草人。

8.《水利水电工程初步设计编制规程》（SL 619—2013），起草人。

## D. 发表的主要论文

1.《伊拉克底比斯大坝溃坝后的工程地质条件及其地质灾害分析》，地质灾害与防治，1990 年第 1 卷第 3 期，66 - 70 页。

2.《十三陵蓄能电站下库河床黏土层渗透特征及其成因模式研究》，工程地质学报，1997 年第 5 卷第 2 期，112 - 117 页。

3.《十三陵抽水蓄能电站地下厂房位置的选择》，工程地质学报，1999 年第 6 卷第 2 期，99 - 104 页。

4.《抽水蓄能电站工程地质系统模型研究》，中国水利水电发展文库，中国水利水电出版社，2000 年。

5.《北京十三陵抽水蓄能电站中的主要工程地质问题研究》，工程地质学报，2000 年第 8 卷增刊，147 - 155 页。

6.《浅论工程地质决策理论与方法》，工程地质学报，2000 年第 8 卷增刊，611 - 616 页。

7.《南水北调工程概况及其主要工程地质问题》，工程地质学报，2004 年第 12 卷第 4 期，354 - 360 页。

8.《工程地质耦合理论初步研究》，工程地质学报，2001 年第 9 卷第 4 期，435 - 442 页。

9.《城市工程与地质评价研究现状与展望》，工程地质学报，2006 年第 14 卷第 6 期，734 - 738 页。

10.《南水北调西线隧洞工程地质勘察评价方法的思考与建议》，水利规划与设计，2002 年第 4 期，37 - 41 页。

11.《黄壁庄水库副坝防渗墙施工地面塌陷原因分析》，水利水电技术监督，2003 年第 2 期，43 - 47 页。

12. Unsitability Index Based on Binary Interaction Matrix for Selection of Schemes at Different Stages Design of the Ming Tombs Pumped Storage Station in China.

13. Retrospective case example using a comprehensive suitability index（CSI）for siting the Shisan - Ling power station，China. International Journal of Rock Mechanics and Mining Sciences 37（2000），p. 839 - 853.

14. Principal engineering geological problems in the Shisanling Pumped Storage Power Station，China. International Journal of Engineering Geology（2004），volume 76，p. 165 - 176.

15. The characteristics of engineering geological problems and the model of engineering geological system of pumped storage power station. International Conference of Enginering Geology，2002.

16. The uplift mechanism of the rock masses around the Jiangya dam after reservoir inundation，China. International Journal of Engineering Geology（2004），volume 76，p. 141 - 154.

17. General Development and Engineering Geological Characteristics For Pumped Storage Power Station in China. Hydro Vision 2000，HCI Publication.

18.《中国长距离调水工程地质问题综述》，工程地质学报，

# E. 工程地质勘察报告（部分）

1. 《北京张坊水库可行性研究阶段工程地质勘察报告》，1984 年.

2. 《汉江旬阳水电站可行性研究报告》，1985 年.

3. 《汉江旬阳水电站可行性研究阶段工程地质勘察报告》，1985 年.

4. 《十三陵抽水蓄能电站地下厂房位置调整优化报告》，1989 年.

5. 《板桥峪抽水蓄能电站新构造运动问题初步分析》，1998 年.

6. 《板桥峪抽水蓄能电站可行性研究报告》，1998 年.

7. 《板桥峪抽水蓄能电站可行性研究阶段工程地质勘察报告》，1998 年.

8. 《丰宁二级水电站可行性研究报告》，1998 年.

9. 《丰宁三级水电站可行性研究报告》，1998 年.

10. 《丰宁二级水电站可行性研究阶段工程地质勘察报告》，1999 年.

11. 《丰宁三级水电站可行性研究阶段工程地质勘察报告》，1999 年.

12. 《山西汾河治理工程初步设计报告》，1999 年.

13. 《山东省抽水蓄能电站规划选点综合报告》，2000 年.

14. 《DIBBIS DAM PROJECT COMPLETION REPORT SECTION 4 – GEOLOGY IN THE DAM SITE》，1986 年.

15. 《昆明柴石滩水库工程蓄水安全鉴定报告》，2000 年.

16. 《南水北调中线工程总干渠工程量及投资复核报告》，2003 年.

17. 《陕西渭河咸阳城区段综合治理工程项目建议书》，2003 年.

18. 《陕西渭河咸阳城区段综合治理工程可行性研究报告》，2004 年.

19. 《陕西渭河咸阳城区段综合治理工程初步设计报告》，2005 年.

20. 《湖南堞水皂市水利枢纽工程建设用地地质灾害危险性评估报告》，2006 年.

## F. 主持或参加勘察的部分工程项目

| 序号 | 项 目 名 称 | 职 务 | 参加时间 |
|---|---|---|---|
| 1 | 北京市张坊水库 | 助理工程师、地质组组长 | 1982 年 9 月—1984 年 10 月 |
| 2 | 陕西省旬阳水电站 | 技术负责人、地质组组长 | 1983 年 4 月—1985 年 11 月 |
| 3 | 北京市十三陵抽水蓄能电站 | 技术负责人 | 1983 年 7 月—1991 年 3 月 |
| 4 | 河北省林西电厂 | 技术负责人 | 1985 年 7 月 |
| 5 | 伊拉克底比斯大坝修复工程 | 技术负责人 | 1985 年 11 月—1986 年 11 月 |
| 6 | 西藏自治区查龙水电站 | 技术负责人、项目经理 | 1991 年 4 月—1992 年 |
| 7 | 北京板桥峪抽水蓄能电站 | 技术负责人、副总工程师 | 1991—1998 年 |
| 8 | 河北张河湾抽水蓄能电站 | 副总工程师 | 1998 年 4 月—2000 年 5 月 |
| 9 | 山东泰安抽水蓄能电站 | 副总工程师 | 1998 年 4 月—2000 年 5 月 |
| 10 | 内蒙古呼和浩特抽水蓄能电站 | 副总工程师 | 1998 年 4 月—2000 年 5 月 |
| 11 | 河北丰宁抽水蓄能电站 | 副总工程师 | 1998 年 4 月—2000 年 5 月 |
| 12 | 河北丰宁 I 级水电站 | 副总工程师 | 1998 年 4 月—2000 年 5 月 |
| 13 | 河北丰宁 II 级水电站 | 副总工程师 | 1998 年 4 月—2000 年 5 月 |
| 14 | 河北丰宁 III 级水电站 | 副总工程师 | 1998 年 4 月—2000 年 5 月 |
| 15 | 安徽琅琊山抽水蓄能电站 | 副总工程师 | 1998 年 4 月—2000 年 5 月 |
| 16 | 山西太原汾河治理美化工程 | 副总工程师 | 1998 年 4 月—2000 年 5 月 |
| 17 | 山西西龙池抽水蓄能电站 | 副总工程师 | 1998 年 4 月—2000 年 5 月 |
| 18 | 陕西渭河咸阳城区段综合治理工程项目建议书 | 项目经理 | 2003 年 |
| 19 | 陕西渭河咸阳城区段综合治理工程可行性研究报告 | 项目经理 | 2004 年 |
| 20 | 陕西渭河咸阳城区段综合治理工程初步设计报告 | 项目经理 | 2005 年 |
| 21 | 四川龙塘水库 | 指导专家 | 2005—2017 年 |

## G. 参加的部分技术审查项目

| 序号 | 项 目 名 称 | 审查时间 |
|---|---|---|
| 1 | 安徽富池大闸工程 | 2000 年 10 月 |
| 2 | 湖北荆汀分洪区应急工程可研报告 | 2000 年 10 月 |
| 3 | 四川紫坪铺水利枢纽工程初步设计审查 | 2000 年 12 月 |
| 4 | 安徽淮河入海水道二河枢纽 | 2001 年 4 月 |
| 5 | 湖北宜昌城区防洪护岸工程 | 2001 年 5 月 |
| 6 | 南水北调西线工程规划纲要及第一期工程 | 2001 年 5 月 |
| 7 | 云南青山嘴水库项目建议书 | 2001 年 6 月 |
| 8 | 内蒙古尼尔基水利枢纽初步设计报告 | 2001 年 7 月 |
| 9 | 南水北调中线工程修订规划 | 2001 年 9 月 |
| 10 | 云南引漾入洱工程项目建议书 | 2002 年 2 月 |
| 11 | 辽宁石佛寺水库工程初步设计报告 | 2002 年 3 月 |
| 12 | 广西右江百色水利枢纽初步设计专题报告"遥测地震台网设计" | 2002 年 4 月 |
| 13 | 南水北调中线一期工程项目建议书审查 | 2002 年 6 月 |
| 14 | 云南小中甸水利枢纽工程 | 2002 年 7 月 |
| 15 | 海南省大广坝二期工程 | 2002 年 8 月 |
| 16 | 甘肃九甸峡水利枢纽工程可行性研究报告 | 2002 年 9 月 |
| 17 | 甘肃九甸峡水利枢纽工程项目建议书 | 2003 年 10 月 |
| 18 | 南水北调西线工程勘探试验洞项目建议书 | 2003 年 11 月 |
| 19 | 广东高陂水利枢纽项目建议书 | 2003 年 12 月 |
| 20 | 广西大藤峡水利枢纽工程项目建议书 | 2003 年 12 月 |
| 21 | 南水北调中线穿黄方案比选报告 | 2003 年 5 月 |
| 22 | 北京段应急工程可研一期工程总干渠总体设计 | 2003 年 6 月 |
| 23 | 南水北调西线一起工程区断裂活动性评价 | 2003 年 7 月 |
| 24 | 南水北调中线北京段应急工程可研审查意见 | 2003 年 7 月 |

| 序号 | 项 目 名 称 | 审查时间 |
|---|---|---|
| 25 | 南水北调中线京石段应急工程可研审查会 | 2003 年 7 月 |
| 26 | 南水北调中线穿黄工程可研报告审查 | 2003 年 8 月 |
| 27 | 南水北调中线京石段应急供水工程中线一期项目建议书 | 2003 年 9 月 |
| 28 | 江西省峡江水利枢纽工程项目建议书 | 2004 年 1 月 |
| 29 | 四川升钟水库二期一步工程可行性研究报告 | 2004 年 10 月 |
| 30 | 内蒙古海勃湾枢纽项目建议书 | 2004 年 11 月 |
| 31 | 甘肃引洮供水一期工程初步设计报告 | 2004 年 6 月 |
| 32 | 云南龙江水电站预可行性研究 | 2004 年 8 月 |
| 33 | 青海蓄集峡项目建议书 | 2005 年 1 月 |
| 34 | 黑龙江牡丹江镜泊湖工程地质可研报告 | 2005 年 3 月 |
| 35 | 四川省大凉州安宁河灌区规划 | 2005 年 7 月 |
| 36 | 四川亭口水库项目建议书 | 2006 年 9 月 |
| 37 | 四川关口灌区工程地质勘察 | 2008 年 8 月 |
| 38 | 重庆市巴南关颈口水库工程项目建议书 | 2008 年 8 月 |
| 39 | 重庆市玉滩水库初步设计报告 | 2008 年 8 月 |
| 40 | 重庆市玉滩水库灌区工程地质勘察 | 2008 年 8 月 |
| 41 | 河南回龙电站上水库库盆防渗治理项目 | 2016 年 6 月 |

# H. 参加的部分工程咨询项目

| 序号 | 项 目 名 称 | 咨询时间 |
|---|---|---|
| 1 | 云南柴石滩水库安全鉴定 | 2000 年 11 月 |
| 2 | 广东潮州供水工程浸没问题 | 2001 年 10 月 |
| 3 | 南水北调工程小江引水方案 | 2001 年 11 月 |
| 4 | 重庆市茅草坝水利水电枢纽岩溶工程问题 | 2001 年 11 月 |
| 5 | 湖北省洪湖分蓄洪区分块蓄洪工程基础处理 | 2001 年 12 月 |

| 序号 | 项 目 名 称 | 咨询时间 |
|---|---|---|
| 6 | 南水北调中线方案复核 | 2001 年 3 月 |
| 7 | 安徽临淮岗洪水控制工程初步设计阶段工程地质勘察报告 | 2001 年 4 月 |
| 8 | 浙江周公宅水库可行性报告 | 2001 年 4 月 |
| 9 | 湖南省江垭水利枢纽大坝及近坝山体抬升问题 | 2001 年 5 月 |
| 10 | 南水北调中线河南段膨胀岩（土）确定标准问题咨询 | 2001 年 6 月 |
| 11 | 南水北调中线穿黄方案工程地质技术 | 2001 年 7 月 |
| 12 | 河北黄壁庄水库除险加固工程坝体塌落问题 | 2002 年 3 月 |
| 13 | 黄河堤防工程地质勘察 | 2002 年 5 月 |
| 14 | 黄河小浪底左岸渗漏问题 | 2002 年 7 月 |
| 15 | 南水北调丹江口大坝加高工程 | 2002 年 8 月 |
| 16 | 广东省北江大堤石角镇红层渗漏问题 | 2002 年 9 月 |
| 17 | 贵州省黔中水利枢纽选坝阶段地质咨询 | 2002 年 9 月 |
| 18 | 黔中枢纽项目建议书（珠委）工程地质讨论会 | 2002 年 9 月 |
| 19 | 内蒙古三座店水利枢纽可行性研究报告 | 2002 年 11 月 |
| 20 | 广西右江百色水利枢纽工程建设全过程咨询 | 2002—2003 年 |
| 21 | 黄河小浪底坝区泥化夹层分布问题 | 2003 年 3 月 |
| 22 | 南水北调中线穿黄方案地质专业问题 | 2003 年 5 月 |
| 23 | 河北黄壁庄水库除险加固工程 | 2003 年 6 月 |
| 24 | 甘肃九甸峡水利枢纽工程 | 2003 年 10 月 |
| 25 | 洮河九甸峡水利枢纽坝址区地下水低凹带问题研究报告 | 2003 年 12 月 |
| 26 | 北京天开水库岩溶渗漏问题 | 2004 年 11 月 |
| 27 | 湖南江垭水库库区铁炉坪防护区防渗问题 | 2004 年 |
| 28 | 江西省峡江水利枢纽工程项目建议书 | 2004 年 1 月 |
| 29 | 南水北调中线穿黄工程地质技术咨询会 | 2004 年 2 月 |
| 30 | 甘肃省引洮供水一期工程初步设计阶段工程地质勘察成果 | 2004 年 6 月 |
| 31 | 山西引黄北干线煤矿采空区问题 | 2004 年 8 月 |
| 32 | 云南龙江水电站预可行性研究评估 | 2004 年 8 月 |

| 序号 | 项　目　名　称 | 咨询时间 |
|---|---|---|
| 33 | 四川紫坪铺水库漩口镇水田坝新址稳定性 | 2004 年 9 月 |
| 34 | 内蒙古尼尔基配套项目引嫩扩建可研初步成果 | 2004 年 10 月 |
| 35 | 青海蓄集峡项目建议书 | 2005 年 1 月 |
| 36 | 渭河咸阳段综合治理工程北挡墙相对隔水层缺失问题 | 2005 年 1 月 |
| 37 | 南水北调西线工程深埋长隧洞勘察方案 | 2005 年 9 月 |
| 38 | 四川武都水库坝基岩溶处理设计及施工技术方案专题咨询 | 2005 年 10 月 |
| 39 | 内蒙古赤峰二道河子水库二期除险加固工程初步设计报告 | 2006 年 1 月 |
| 40 | 南水北调中线穿黄工程专家座谈会 | 2006 年 4 月 |
| 41 | 黄河万家寨水利枢纽初步验收 | 2006 年 6 月 |
| 42 | 黄河万家寨水利枢纽基础处理部分 | 2006 年 6 月 |
| 43 | 紫坪铺库区赵家坪堆积体稳定性评价工程地质勘察报告 | 2006 年 8 月 |
| 44 | 四川省大渡河龙头石水电站建设总体规划报告 | 2007 年 3 月 |
| 45 | 广西百色水利枢纽汪甸防护工程技术咨询 | 2007 年 6 月 |
| 46 | 湖北保康寺坪水电站溢洪道泄槽底板水毁情况 | 2007 年 7 月 |
| 47 | 长江三峡工程阶段评估 | 2008 年 3—10 月 |
| 48 | 四川汶川地震震损水库应急除险工程 | 2008 年 5—6 月 |
| 49 | 南水北调中线渠道通过焦作煤矿采空区可能性初步研究 | 2008 年 12 月 |
| 50 | 广西百色水利枢纽剥隘应急抢险工程地质勘察报告 | 2009 年 4 月 |
| 51 | 加蓬 Kongue 水电站可研报告评估 | 2009 年 3 月 |
| 52 | 加蓬 Kongue 水电站工程评估 | 2009 年 4 月 |
| 53 | 浙江仙居抽水蓄能电站可行性研究报告评估 | 2009 年 4 月 |
| 54 | 柬埔寨达岱水电站可行性研究报告评估 | 2009 年 7 月 |
| 55 | 刚果（金）Zongo 水电站评估 | 2009 年 8 月 |
| 56 | 全国小型水库除险加固项目 | 2009 年 9 月 |
| 57 | 南水北调东线济平干渠工程验收 | 2010 年 10 月 |
| 58 | 陕西引汉济渭工程可研阶段工程地质成果 | 2009 年 10 月 |
| 59 | 大连中石油国际储备库北区工程边坡塌滑问题 | 2009 年 12 月 |

续表

| 序号 | 项 目 名 称 | 咨询时间 |
|---|---|---|
| 60 | 广西右江百色水利枢纽工程百色过船设施工程边坡稳定问题 | 2010 年 2 月 |
| 61 | 江西峡江水利枢纽同江防护区岩溶渗漏问题 | 2010 年 3 月 |
| 62 | 四川大渡河沙坪二级水电站技术咨询 | 2010 年 6 月 |
| 63 | 四川大渡河枕头坝一级水电站咨询 | 2010 年 6 月 |
| 64 | 广东清远抽水蓄能电站上水库大坝防渗体系和坝体填筑问题 | 2010 年 11 月 |
| 65 | 河北平山县 50kV 忻州Ⅲ线 N258 塔基右侧山体坍滑问题 | 2011 年 2 月 |
| 66 | 湖南铜湾水电站坝址区边坡稳定问题 | 2011 年 3 月 |
| 67 | 陕西省泾河东庄水利枢纽项目建议书阶段勘察工作 | 2011 年 4 月 |
| 68 | 老挝南奔水电站可研设计报告评估 | 2011 年 8 月 |
| 69 | 尼泊尔上马相迪 A 水电站可研报告评估 | 2011 年 10 月 |
| 70 | 江西赣江井冈山水电站咨询 | 2012 年 3 月 |
| 71 | 江西井冈山水电站 | 2012 年 3 月 |
| 72 | 尼日利亚宗格鲁（Zungeru）水电站可行性研究报告评估 | 2012 年 11 月 |
| 73 | 青海西宁 330kV 线路改造 | 2013 年 4 月 |
| 74 | 川藏联网工程地质灾害风险全过程管控课题工作大纲 | 2013 年 9 月 |
| 75 | 喀麦隆雅温得供水项目初设报告评估 | 2014 年 5 月 |
| 76 | 广西桂中治旱乐滩灌区引水隧洞稳定问题 | 2014 年 9 月 |
| 77 | 四川水洛 500kV 变电站扩建工程改线讨论 | 2014 年 9 月 |
| 78 | 巴基斯坦苏基-克纳里水电站项目评估 | 2015 年 4 月 |
| 79 | 贝宁阿贾哈拉水电站咨询评估 | 2015 年 7 月 |
| 80 | 尼泊尔上崔树里 3A 水电站可行性研究报告评估 | 2015 年 10 月 |
| 81 | 老挝南欧江一级电站可行性研究报告评估 | 2016 年 5 月 |
| 82 | 河北黄壁庄水库坝前冒水原因分析 | 2016 年 7 月 |
| 83 | 国网西藏林芝米林县供电工程 9·15 塌方安全事故调查 | 2016 年 9 月 |
| 84 | 四川仁寿卧龙山庄项目场地稳定评价 | 2016 年 9 月 |
| 85 | 安哥拉卡古路卡巴萨水电站项目评估 | 2017 年 8 月 |
| 86 | 阿根廷潭波拉综合水利枢纽工程可行性研究报告 | 2017 年 11 月 |
| 87 | 新疆阜康抽水蓄能电站质量与安全巡检 | 2018 年 7 月 |
| 88 | 辽宁荒沟抽水蓄能电站质量与安全巡检 | 2018 年 8 月 |
| 89 | 内蒙古锡林浩特胜利煤矿蓄水池设计咨询 | 2018 年 9 月 |

《工程地质决策概论》 李广诚　王思敬著

工程中每一个地质问题的最终解决都要落实到决策问题上。本书从解决工程地质决策问题的角度出发，针对工程地质问题的特性，以数理统计及有关计算方法为工具，以系统科学及决策论为理论基础，提出了工程地质系统分析方法，工程地质耦合理论及工程地质学的理论体系，工程地质决策的几种基本方法（经验判断法、工程类比法、优劣对比法、决策分析法、综合决策法），以及工程地质决策的阶段与步骤。

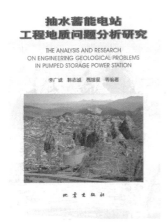

《抽水蓄能电站工程地质问题分析研究》 李广诚等编著

抽水蓄能电站是一种特殊的水电工程。由于建筑物布置与周围环境条件不同于常规水电工程，其工程地质问题也在诸多方面具有特殊性。本书汇集了有关抽水蓄能电站工程地质问题分析研究的部分论文。从蓄能电站工程地质勘察基本理论、区域地质与地应力问题、上水库工程地质问题、厂房水道系统工程地质问题、下水库工程地质问题、其他工程地质问题、蓄能电站中的新技术、新方法和岩体试验与监测八个方面论述了抽水蓄能电站中出现的主要工程地质问题及其分析方法。

《南水北调工程地质分析研究论文集》 李广诚等主编

南水北调是一项特大型跨流域调水工程，是实现我国水资源战略布局调整、优化水资源配置的一项重大基础措施。由于南水北调工程规模巨大，跨过多个流域，其工程地质条件表现出多样性、复杂性等特点，工程地质问题包括软土地基问题、膨胀土问题、湿陷性黄土状土问题、饱和砂土振动液化问题、边坡稳定问题、渠道渗漏问题、施工中地下水涌水问题、地下水侵蚀性问题、渠线压煤和通过采空区问题等。本书对以往工程地质的研究成果进行了系统的总结，从而使人们对南水北调工程的工程地质有一个总体的了解。

《中国堤防工程地质》 李广诚等编著

堤防，是江、湖、海的重要水利工程，是防洪体系的主要组成部分，担负着抗洪、防汛、输水、排灌的重要任务。堤防工程建设是否安全可靠和经济合理，工程地质条件是一个重要因素。本书在前人大量工作的基础上，结合近年来人们对堤防工程的研究成果和大量工程实践，对堤防工程进行了系统总结。内容包括中国几大流域和湖泊的堤防工程概况、干流河道特征、流域地质概况、主要工程地质问题、重要堤防的工程地质条件、重大险段工程地条件等。

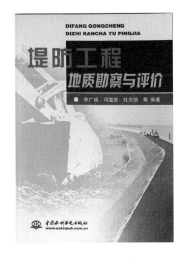

《堤防工程地质勘察与评价》 李广诚等编著

本书在前人工作的基础上，结合近年来对堤防工程的研究成果和大量的工程实践，对堤防工程地质勘察进行了系统总结。内容包括堤防概况、堤防的勘察方法、堤防一般工程地质条件、堤防的主要工程地质问题及其分析方法、堤防及堤基险情及隐患的处理措施、堤防施工、堤防的检测与监测技术等。本书可使工程技术人员在勘察与施工的过程中，一书在手，能基本了解掌握堤防工程地质工作全过程。